湖南种植结构调整暨产业扶贫实用技术丛书

茶叶优质高效
生产技术

chayeyouzhigaoxiao
shengchanjishu

U0247203

主　　编：覃事永

副 主 编：谭正初　陈岱卉

编写人员：覃事永　谭正初　王沅江　陈岱卉
　　　　　刘絮宁　李　维　罗　意　刘淑娟
　　　　　陈莹玉

CTS K 湖南科学技术出版社

序 言
Preface

　　重农固本是安民之基、治国之要。党的"十八大"以来，习近平总书记坚持把解决好"三农"问题作为全党工作的重中之重，不断推进"三农"工作理论创新、实践创新、制度创新，推动农业农村发展取得历史性成就。当前是全面建成小康社会的决胜期，是大力实施乡村振兴战略的爬坡阶段，是脱贫攻坚进入决战决胜的关键时期，如何通过推进种植结构调整和产业扶贫来实现农业更强、农村更美、农民更富，是摆在我们面前的重大课题。

　　湖南是农业大省，农作物常年播种面积 1.32 亿亩，水稻、油菜、柑橘、茶叶等产量位居全国前列。随着全省农业结构调整、污染耕地修复治理和产业扶贫工作的深入推进，部分耕地退出水稻生产，发展技术优、效益好、可持续的特色农业产业成为当务之急。但在实际生产中，由于部分农户对替代作物生产不甚了解，跟风种植、措施不当、效益不高等现象时有发生，有些模式难以达到预期效益，甚至出现亏损，影响了种植结构调整和产业扶贫的成效。

　　2014 年以来，在财政部、农业农村部等相关部委支持下，湖南省在长株潭地区实施种植结构调整试点。省委、省政府高度重视，高位部署，强力推动；地方各级政府高度负责、因地

1

制宜、分类施策；有关专家广泛开展科学试验、分析总结、示范推广；新型农业经营主体和广大农民积极参与、密切配合、全力落实。在各级农业农村部门和新型农业经营主体的共同努力下，湖南省种植结构调整和产业扶贫工作取得了阶段性成效，集成了一批技术较为成熟、效益比较明显的产业发展模式，涌现了一批带动能力强、示范效果好的扶贫典型。

为系统总结成功模式，宣传推广典型经验，湖南省农业农村厅种植业管理处组织有关专家编撰了《湖南种植结构调整暨产业扶贫实用技术丛书》。丛书共 12 册，分别是《常绿果树栽培技术》《落叶果树栽培技术》《园林花卉栽培技术》《棉花轻简化栽培技术》《茶叶优质高效生产技术》《稻渔综合种养技术》《饲草生产与利用技术》《中药材栽培技术》《蔬菜高效生产技术》《西瓜甜瓜栽培技术》《麻类作物栽培利用新技术》《栽桑养蚕新技术》，每册配有关键技术挂图。丛书凝练了我省种植结构调整和产业扶贫的最新成果，具有较强的针对性、指导性和可操作性，希望全省农业农村系统干部、新型农业经营主体和广大农民朋友认真钻研、学习借鉴、从中获益，在优化种植结构调整、保障农产品质量安全，推进产业扶贫、实现乡村振兴中做出更大贡献。

丛书编委会

2020 年 1 月

第一章
茶树特征特性

第二章
茶园建设

第三章
茶树栽培

4 第四章
茶叶加工

第五章
成功案例介绍

第一章
茶树特征特性

第一节　茶树形态

茶树属于高等植物的种子植物门，双子叶植物纲，山茶目，山茶科，茶属。茶树的器官有根、茎、叶、花、果实和种子。

根：种子直播茶树的根有主根和侧根的区别，属直根系；无性系扦插良种茶树主根与侧根差异不明显，属虚根系。茶树的吸收根在土壤中分 3~4 层，一半以上分布在以茶树为中心半径 80 cm、深度 40 cm 范围内，在深度 20~30 cm 之间，根幅最大，一般可达 140~160 cm。因此，茶园耕作应按照茶树根系分布的特性，避免损伤根系。

茎：茶树茎是由幼芽发育而成，根据茶树树冠的特征，可分为乔木型和灌木型茶树。乔木型茶树主干高大明显，侧枝细小，主干与侧枝容易区别；我国云贵高原至今还有野生乔木型茶树。灌木型茶树主干矮小，不明显，主干与侧枝很难区别，骨干枝大部分自根茎生长出来，呈丛生状态。目前生产上栽培最普遍的品种是灌木型茶树，也有部分树型较大的品种，如安化大茶树、江华苦茶等，介于乔木型与灌木型之间，属于半乔木型茶树。

叶：茶树叶分为叶柄和叶片两部分。叶片中间有一条主脉，主脉上分生侧脉，侧脉伸展至叶缘三分之二的部位向上方弯曲，与支脉相连，构成网状

1

封闭系统。叶脉对数一般为 8~10 对，多的 10~15 对，少的 5~7 对。叶形有椭圆形、卵形、倒卵形、圆形和披针形等。叶色有浅绿、绿、深绿、黄绿或杂有红、紫等色泽。叶缘有锯齿，大多平展，也有波浪状或向背翻卷的。

鱼叶是发育不全的叶，叶形小，仅有主脉，侧脉不明显，着生于新梢的基部。

叶片的各种形态、大小和叶色，受栽培条件的影响变异很大，是鉴别茶树品种的重要依据。

花：茶树花由花托、花萼、花瓣、雄蕊和雌蕊组成；花瓣，白色；着生在枝上的部分称为花柄；花托，圆平；花萼，绿色，圆形。

茶树的盛花期在 10~11 月。茶花的寿命很短，一般 2~3 天，只有在阴雨天气里，才能延长到一个星期左右。

果实和种子：茶树的坐果率是很低的，一般都在 10% 以下，10 月外种皮转为黑褐色，子叶变得很脆硬，种子含水量降为 40%~50%，脂肪含量升至 30% 左右；果实呈棕褐色。

第二节　茶树的生长与发育

一、茶树的个体发育

根据茶树的生长发育特征，可分为 6 个生物学年龄时期。

（一）种子期

从受精卵形成种子至种子萌发为止，称为茶树的种子期。

（二）胚苗期

从种子发芽到幼苗出土，形成第一片真叶为止，称为茶树的胚苗期。在湖南地区胚苗期多处于 4~5 月。

（三）幼苗期

从胚苗出现第一片真叶到子叶脱落为止，这一时期的营养方式是双重的，一则来自子叶，一则由真叶自制有机物质。在湖南地区幼苗期一般处于5~10月。

（四）幼年期

从子叶脱落至树冠定型为止，称为茶树的幼年期。这一时期地下部分和地上部分都以分枝占绝对优势。茶树幼年期农业技术主要措施是：围绕着茶树形成强大的分枝根系与灌木型茶树，进行深耕施肥和定型修剪，改单轴分枝式为合轴分枝式，加速骨干枝的生长，迅速扩大树冠和树幅，以形成高产优质的基础。

（五）壮年期

从茶树树冠定型开始，至树冠衰老为止，称为茶树的壮年期。在正常培育和合理采摘下，一般可维持15~20年。这一时期树冠的离心生长占绝对优势，树冠内部的小侧枝逐渐枯死，新梢集中在树冠的外层，树冠具有最大的幅度和采摘面，茶树开花结实进入繁盛时期。茶树壮年期的农业技术主要措施是：围绕树冠不断扩大，加强培育管理，贯彻合理采摘的原则，为保持高产优质的树冠打下基础。

（六）衰老期

从树冠衰老开始至茶树死亡为止，称为茶树的衰老期。这一时期，树冠外层开始衰枯，形成"鸡爪枝"，开花特别多，新生枝条逐渐移至树冠基部，根颈和骨干根都萌蘖抽枝，出现"二层楼"形式，最后由根颈枝构成树冠的自然更新期，故称为茶树的向心生长。茶树衰老期的农业技术主要措施是：促使茶树形成根颈枝更新树冠，抑制衰老枝的发展，例如，采用疏枝、台刈、剪枯枝等更新技术，进行深耕改土，重施基肥，加强根系复壮能力等办法，使茶树形成一个又一个高产周期。

二、茶树的年发育周期

茶树在一年内的生长发育，称为年发育周期。

（一）地下部分与地上部分的活动

茶树根系在一年内并不是均衡生长的，而是适应地上部分的活动，分别在 3~4 月、5~6 月、9~10 月出现生长高峰，其中 9~10 月的生长高峰比前两个生长高峰更大，时间更长。茶树地下部分的生长与地上部分的生长是对立的统一，当地上部分生长旺盛时期，则是地下部分生长缓慢时期；当地上部分生长缓慢时期，则是地下部分生长旺盛时期。掌握地下部分生长的这一规律性，便可以正确地把中耕、除草、施肥等农业技术措施，放在茶树根系生长高峰期内，以发挥最大的肥效。

（二）树冠的生长与休眠

茶树在一年内的生长发育，有着明显的季节性，一般在 3 月上旬、中旬茶芽开始萌动，5 月上旬、中旬进入休眠，称为春梢阶段；5 月下旬又开始萌动，7 月中旬进入休眠，称为夏梢阶段；8 月上旬又开始生长，9 月下旬进入休眠，称为秋梢阶段。此后，茶树转入生殖发育的开花盛期。

第三节　茶树与环境

影响茶树生长发育的环境条件主要有气候、土壤和地形。

一、气候条件

（一）光照

茶树原产于亚热带森林的树阴下，日照时间较短，形成了比较耐阴的特性。所以，漫射光和适当减少光照时间，对茶树生长有利。采摘茶园在适当的荫蔽条件下，芽叶的持嫩性增强。

湖南省地处北纬 25°~30°，据长沙地区的气候资料，常年实照时数为可照时数的 38%，4~9 月的 6 个月中为 45% 左右，7~8 月的 2 个月最高，平均为 59%。茶树在上述条件下，能正常生长发育。

（二）温度

气温的变化对茶树的生长发育具有直接的影响。在一年中，茶树生育期的长短，主要是由温度条件支配的。当日平均气温稳定上升至10℃以上，茶芽即开始萌动，20℃～30℃最适宜于茶树的生长，当日平均气温低于10℃时，茶芽就停滞生长，进入休眠。由于品种的不同，对温度的适应范围有所差异。湖南中叶种、小叶种一般较耐低温，而云南大叶种抗低温较差。

温度的变化幅度和极值持续时间的长短也会影响茶树生长，早春时，当气温上升至10℃以上，茶芽便开始萌动，如遇寒流侵袭，即使气温不低于0℃，但由于短时期内的温差太大，已经萌动的茶芽仍有可能冻伤。

（三）降水量和湿度

茶树适宜的年降水量在1500 mm左右。湖南省历年来7~9月的降水量一般只占全年降水量的20%，7月、8月两个月通常各为100 mm左右，9月只有60~70 mm，且气温高，日照长，显然不能满足茶树正常生长的需要。夏、秋两季常出现"伏旱"和"秋旱"，影响茶树生长。

湖南省月平均相对湿度在75%以上，安化山区平均达到81%。空气湿度能影响土壤水分的蒸发和茶树的蒸腾作用。在空气湿度较高的条件下，尽管降水量较少，茶树生育仍能正常进行。这就是山区茶树旱害少、品质好的主要原因之一。最利于茶树生长的土壤湿度是土壤饱和含水量的60%~80%，过高或过低都不利于茶树生长。

（四）风

风对茶树有一定的影响。来自东南的季风，往往是暖和而湿润，有利于茶树生长，来自西北的内陆风，往往是干燥而寒冷，不利于茶树生长。比较潮湿的轻风、微风能调节茶树水分的平衡，加强叶子的蒸腾作用，有利于光合作用的进行。

风力过大，加上暴雨，不但使茶树受到机械损伤，而且水分的平衡也受到破坏。冬季低温加上干旱风的侵袭，茶树更容易遭受冻害。因此，在风速较大的地区，营造防护林是很重要的。

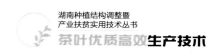

二、土壤条件

第一，要呈酸性反应，pH 值为 4.0~6.5 的土壤适宜茶树生长；酸性土壤常见的指示植物有映山红、铁芒萁、杉木、油茶和马尾松等，这些植物生长的土壤都能种植茶树。

第二，土壤要不积水。以排水性好，地下水位在土表 1 m 以下，土质疏松，通气性良好的壤土和砂壤土为最好。

三、地形条件

地形对局部的气候、土壤和茶园管理的效率都有影响。用山坡地种茶，只要种植得当，比平地更能获得高产优质的效果。湖南省茶园大多数分布在海拔 800 m 以下的山区和丘陵区的坡地上。安化山区，茶园绝大部分分布在海拔 250~800 m 之间，茶园坡度在 30° 以下的占 74% 左右，并认为土层深厚避风的"湾土"（椅状坡土）种茶最好。为便于管理，适应今后实现茶叶生产机械化和水利化的要求，选择集中连片，坡度在 30° 以内的地带开辟茶园，是符合茶树对地形条件的要求和适应生产发展的。

第二章
茶园建设

第一节　园地选择

茶园建设宜选择海拔高度 1200 m 以下，自然坡度 25° 以下的平缓地势条件下植茶；1200 m 以上山坡地种茶一般产量较低，且易发生冻害；海拔 500 m 以上的阴坡不宜植茶。茶园土壤为第四纪红壤土、花岗岩、板页岩、石灰岩等风化物发育的酸性红、黄壤土或紫色土；土层要深厚，茶树是多年生的深根性植物，在土层深厚的土壤中，茶树根系才能发育良好；土层中有铁盘或黏土层，网纹层靠近地面的土壤，都不利于茶树生长；新建茶园要将土壤深翻 0.5 m 以上。茶园附近有较丰富的森林等植被覆盖为好。园地空气、水分和土壤要基本符合《绿色食品产地生态环境质量标准》的要求，无废水、废气和废物污染。

除了自然条件外，茶园选址还要考虑当地经济状况和劳力供应情况，以免出现无人采茶现象。

一、光照

茶树是耐阴植物，具有喜光怕晒的特性。一般宜选择日照短，树木成荫，云雾弥漫，漫射光多的山区建立茶园。丘陵和平地茶园可采取茶林间作

或种植遮阴树的技术措施来改变光照强度和光质，从而提高茶叶品质。

二、温度

适宜茶树栽培的地区，要求年平均温度在 13℃ 以上，≥10℃ 的年有效积温达到 5000℃ 以上。灌木型茶树能耐较低的温度，能忍受最低温度可达 -6℃~-18℃，而乔木型茶树耐低温性能较差。茶树能忍受的最高临界温度为 45℃，一般在 35℃ 以上，生长便会受到抑制。

三、降雨量

适宜种茶的地区，要求年降雨量在 1000 mm 以上（最适年降雨量约 1500 mm），茶树叶片生长季节月降雨量要求 100~200 mm。年平均相对湿度在 70%~80% 之间，在茶树生长活跃期，空气相对湿度以 80%~90% 为宜，若 <50%，新梢生长受抑制，40% 以下时则将受害。

四、地形

选择海拔高度 1200 m 以下（最适海拔高度 300~800 m），自然坡度 25° 以下的丘陵和山地。坡度 15°~25° 的山坡，应修建水平梯形茶园，7°~14° 的缓坡地，宜水平种植。山坡方向以南向或东南向为宜。海拔 800 m 以上的荫坡、低凹谷地，冷空气容易沉淀，不宜种茶。

五、土壤

自然肥力高，土层深厚，质地疏松，通气性良好，不积水，腐殖质含量高，养分丰富的酸性红、黄壤土或紫色土。茶园土壤的基本条件：全土层厚度 ≥100 cm、地下水位在 100 cm 以下、pH 值（水浸）4.0~6.5（弱酸性）。建立无公害茶园、绿色食品茶园和有机茶园对土壤肥力的指标要求（表 2-1）。

表 2-1　无公害茶园、绿色食品茶园和有机茶园的土壤肥力要求

项　目	指　标
有效土层	>80 cm
有机质含量（0~45 cm 平均）	>15 g/ kg
全氮含量（0~45 cm 平均）	>0.8 g/ kg
有效氮含量（0~45 cm 平均）	>80 mg/ kg
有效钾含量（0~45 cm 平均）	>80 mg/ kg
有效镁含量（0~45 cm 平均）	>40 mg/ kg
有效磷含量（0~45 cm 平均）	>10 mg/ kg
有效锌含量（0~45 cm 平均）	1~5 mg/ kg
交换性铝含量（0~45 cm 平均）	3~5 cmol（$1/3\ Al^{3+}$）/ kg
交换性钙含量（0~45 cm 平均）	<5 cmol（$1/2\ Ca^{2+}$）/ kg
土壤 pH 值	4.5~6.5
土壤容重（表土）	1.0~1.2 g/ cm^3
土壤容重（心土和底土）	1.2~1.4 g/ cm^3
土壤孔隙度（表土）	50%~60%
土壤孔隙度（心土和底土）	45%~55%
透水系数（0~45 cm 平均）	10

茶园土壤环境质量也应符合相应茶叶生产的要求（表 2-2）。

表 2-2　无公害茶园、绿色食品茶园和有机茶园的土壤环境质量标准　mg/ kg

项目	pH 值	镉	汞	砷	铅	铬	铜
无公害茶园	4.0~6.5	≤0.30	≤0.30	≤40	≤250	≤150	≤150
绿色食品茶园	4.0~6.5	≤0.30	≤0.30	≤40	≤50	≤120	≤100
有机茶园	4.0~6.5	≤0.20	≤0.15	≤40	≤50	≤90	≤50

镉污染耕地种茶，则要选择土壤全镉含量在 1 mg/kg 以内，pH 值 5.0~6.5，给排水方便的高岸稻田；土质以砂壤土或壤土为宜；低洼渍水田、排水不畅田、冷浸田或碱性田都不宜种茶。

六、生态环境

选择远离城市、工厂、居民点、公路主干道的山区或半山区建立茶园，可以避免空气、水源和固形物污染。茶园周围有较丰富的森林等植被覆盖，空气清新（表2-3）、水源充足洁净（表2-4）、气候温暖湿润、生态环境良好的地区较为适宜。

表2-3　茶园环境空气质量要求

项目	浓度（mg/m³）		限值	
	1天平均		1h平均	
	无公害/绿色食品茶园	有机茶园	无公害/绿色食品茶园	有机茶园
总悬浮物（TSP）（标准状态）	≤0.3	≤0.12	/	/
二氧化硫（SO）（标准状态）	≤0.15	≤0.05	≤0.5	≤0.15
二氧化氮（NO）（标准状态）	≤0.1	≤0.08	≤0.15	≤0.12
氟化物（F）（标准状态）滤膜法	≤7μg/m³	≤7μg/m³	≤20μg/m³	≤20μg/m³
挂片法	≤1.8μg/(dm³·d)	/	≤1.8μg/(dm³·d)	

注：1天平均指任何1天的平均浓度；1h平均指任何1h的平均浓度。

表2-4　茶园灌溉水质要求

项目	浓度限值（mg/L）	
	无公害/绿色食品茶园	有机茶园
pH值	5.5~7.5	5.5~7.5
总汞	≤0.001	≤0.001
总镉	≤0.005	≤0.005
总砷	≤0.1	≤0.05
总铅	≤0.1	≤0.1
铬	≤0.1	≤0.1
氰化物	≤0.5	≤0.5
氯化物	≤250	≤250
氟化物	≤2.0	≤2.0
石油类	≤10.0	≤5.0

七、交通条件

深山老林，特别偏僻的山区土壤生态环境虽好，但交通困难，不利于茶园的管理、茶叶的采收和运输等，不宜发展茶园。

第二节 园地规划

一、区块划分

茶园划分为区、片、块，"区"的分界线以防护林、主沟、干道为界，"片"可依独立自然地形或支道为界，片内再划分为若干"块"。依面积大小和自然地形划分，尽可能划成长方形或近长方形，以 0.67 hm² 左右为一块，长不超过 50 m 为宜。

二、道路建设

茶园道路的设置，要便于园地的管理和运输畅通，尽量缩短路程、减少弯路。为了少占用地，应尽可能做到路、沟相结合，以排水沟的堤埂做道路。茶园开垦之前就要划支道、步道的位置，然后边开垦，边筑路。

主干道：6 hm² 以上的茶园要设立主干道，路面宽 4~6 m，连接场、厂（各作业区、队）及公路。

支道：连接主道和地头道，宽不小于 2.5 m，支道也往往是茶园划分区片的分界线。

操作道：作为茶园划块的界限，与主干道或支道相连，宽 1.5~2.0 m，间距 30~40 m。

环园道：坡度较大处的支道、步道修成"S"形缓路迂回而上，以减少水土冲刷并便于行走。

三、水利设施建设

蓄排水沟：茶园四周设置隔离沟，深 80~100 cm，宽 50~100 cm。园内每相距 40~50 m 设置横水沟（坡地沿等高线设置），深 60~70 cm，宽 50~60 cm。在多片茶园之间，道路两旁设置纵水沟，深 70~80 cm，宽 60~70 cm。横水沟与纵水沟相接，纵水沟与隔离沟相通，隔离沟连接园外水渠、山塘。纵水沟每 20~40 m 设置沉沙坑或消力池。在地下水位高或雨季临时性渍水的地块应设置明沟或暗沟，明沟沟深要求大于 1 m，暗沟设在 1 m 以下的土层中，用砖石砌成或用卵石、碎砖块铺成，再在上面覆盖粗沙泥土。

蓄水池：每 1.5~2 hm² 茶园设置一个容量为 5~10 m³ 的蓄水池，并与茶园内水沟相连。

灌水系统：把外部水源引进蓄排水沟进行茶园流灌或采用中压旋转式喷头进行茶园喷灌（PY 系列，射程 20~40 m，喷水量为 3~10 m³/h）。

四、植被与营林

茶园四周不植茶的山顶、山坡和受侵蚀沟旁保留原有植被，并因地制宜广植林木。在容易受到干风、台风或寒风侵袭的茶区建立防护林带。防护林带建设以高大的乔木和矮小的灌木树种相结合，常绿和落叶树种相结合。乔木树种可种 4~6 行，行距一般以 2~3 m 为宜，两旁栽灌木树种，行数不限，可视情况灵活调整。林带和茶园之间应留 2 m 以上的间隔，并开设隔离沟，防止树根伸入茶园内。防护林带可预防霜冻和冰冻，据 2008 年早春调查，周围有常绿树木的茶园的冰冻灾害相对较轻。主、支道旁栽行道树，树种应与茶树无拮抗作用或共存的病虫害。树种要以高干树和矮干树搭配，一般采用杉树、油树、桉树、油桐、棕榈等。

夏季日照强烈，为了防止伏旱发生，海拔低于 600 m 茶区园内应充分利用茶园堤坎和人行道，适当栽种一些遮阴树。但不可栽种过密（一般 75 株/公顷），更不能种在茶行里，树冠高出地面 2.5 m 以上，以免妨碍茶树的生长。

五、建园方式

茶树布置分直行式茶园（5°以下的平缓地）、等高条植式茶园（5°~10°的缓坡地）和梯式茶园（10°以上坡地）。

六、茶园种草、留草和铺草

茶园套种绿肥以匍匐型或矮秆豆科绿肥为主，根据绿肥习性、茶园土壤特点、树龄及气候特点等因素因地制宜选好绿肥种类，采用以割代锄法管理，严谨使用除草剂。新垦茶园土坡梯壁留草，或人工种植百喜草、原叶决明等形成绿色覆盖；旧茶园土坡梯壁提倡充分利用当地山草资源，保留原有非恶性杂草进行绿化、护坡。园间道路选用耐旱耐踏的百喜草或宽叶雀稗等绿化。

绿肥套种一般在幼龄茶园或台刈后未封行的茶园种植。通常是一年生茶园种植 2~3 行，2 年生茶园种植 1~2 行，3 年生茶园（茶树行距 1.2 m 以上）种植 1 行，4 年生以后的茶园不宜再套种。绿肥品种春季选种茶肥 1 号，冬季可种绿肥油菜；提倡茶园建立绿肥种植区。茶园铺草一般选择在茶园除草松土及施肥后，伏旱、杂草生长旺盛季节和雨季较为适宜。幼龄茶园可在 7~8 月或 12 月至翌年 1 月的冬闲时间铺草；新垦移栽茶园在移栽结束后立即紧靠茶苗基部铺草。草源以山草、绿肥、稻草、麦秆、豆秸等为主。铺草厚度 5~10 cm，以看不见地面为宜。平地和梯式茶园可随意撒铺，坡地茶园沿着茶行等高线横铺，草头压草尾，并用土块压草，防止大风或暴雨带走草料。

第三节　园地垦复

一、初垦

生荒地在茶树种植前第一次深耕称为初垦，一般在夏秋季进行，初垦前全面清理场地，尽可能使用机械化作业。

平地开垦：初垦全面深耕深度要求达到 60 cm 以上。如是稻田改种茶树，必须全面深垦 60 cm 以上，打破犁底层，稻田四周开深沟，每隔 10~20 m 加开横水沟，沟宽 50 cm、沟深 60 cm，增加土壤透水性、透气性和排水性。

5°~10° 缓坡地开垦：沿用等高线横向开垦，对坡面不规则的地块应按大弯随势，小弯取直的原则，对局部凹凸地形要控高填低并回填表土，翻耕深度 60 cm 以上。

10° 以上的坡地开垦：沿等高线横向施工，根据园地的土层深度、砌坎材料和土地坡度确定合理的梯宽和梯高。新垦土层深度 60 cm 以上。茶园梯层的要求：梯层登高，环山水平，大弯随势，小弯取直，心土筑堤，表土向沟，外高内低（新建梯呈 1°~2° 反向坡），外埂内沟，梯梯接路，沟沟相通。梯田的规则：梯面宽 1.5 m 以上，梯高小于 1.5 m，梯壁斜度 60°~80°。

熟地开垦：先挖除原作物，清除残留根系。深翻土地 60 cm 以上，暴晒 30 个太阳日，并进行消毒。

二、复垦

初垦一个月后进行复垦，复垦深度 30 cm 左右，并进一步清除土中杂物，适当破碎土块、平整地面。梯式茶园的复垦在筑梯后进行，主要是深垦梯级内侧紧土，确保松土层厚度不少于 60 cm。

三、开种植沟

湖南省区域以晚秋或早春（11 月或翌年 2 月）为移栽茶苗的适期，但是实际移栽适期要根据当年的气候条件决定，具体时间可在当地适期范围内偏早一点进行为好；早一点移栽便于因移栽损伤的根系有较长恢复时间。起苗前，在复垦土地上开好种植沟，并施入基肥，种植沟深 30 cm 左右，基肥以上覆盖一层表土，厚约 5 cm，然后进行茶苗栽植。

第三章
茶树栽培

3

第一节　品种介绍

茶树品种是茶叶生产的重要生产资料，也是茶叶优质、高产和高效的基础，随着我国茶树育种工作的制度化和规范化，新的茶树品种不断涌现，而且茶叶主要化学成分检测方法及其标准也不断修订。中国是茶树的原产地，利用、栽培茶树最早，长期的自然选择和人工选择形成了丰富的种质资源。截至 2013 年，我国现有茶树良种经国家审（认、鉴）定的品种 124 个，其中无性系品种 107 个。省级审（认、鉴）定的品种达 124 个，其中，我省的茶树品种经国家认定的 6 个，省级认定的 21 个。

茶树的品种对每年茶叶生产的迟早、品质、抗逆性、产量、适制性都有影响。本书根据我国近年来茶树新品种审定、认定和鉴定发展情况，结合我省主要产茶区宜栽茶树品种，共介绍了 12 个国家级和 10 个省级无性系茶树品种的形态特征、生物学特性、产量、抗性及主要化学成分含量、适制性和品质特点，对茶农选用茶树品种具有实际意义。

一、国家级茶树品种

（一）福鼎大白

无性系，小乔木型，中叶类，早生种。原产于福建省福鼎市点头镇柏柳村，已有 100 多年栽培史，1985 年通过全国农作物品种评审委员会认定，编号 GS13001—1985。

特征：植株较高大，树枝半开张，主干较明显，分枝较密。叶片呈上斜状着生，椭圆形，叶色绿，叶面隆起，有光泽。发芽整齐，持嫩性强，茸毛特多。一芽三叶百芽重 63.0 g，春茶一芽二叶含茶多酚 14.8%，氨基酸 4.0%，咖啡碱 3.3%，水浸出物 49.8%。产量高，每亩（1 亩≈667 m^2）可产干茶 200 kg 以上。适制绿茶、红茶、白茶。抗性强，适应性广。扦插繁殖力强，成活率高。适栽于长江南北及华南茶区。

（二）政和大白

无性系，小乔木型，大叶类，晚生种。原产于福建省政和县铁山乡，已有 100 多年栽培史，1985 年通过全国农作物品种评审委员会认定，编号 GS13005—1985。

特征：植株高大，树姿直立，主干显，分枝稀。叶片呈水平状着生，椭圆形，叶色深绿，叶面隆起，叶身平。芽叶生育力较强，芽叶密度较稀，持嫩性强，茸毛特多。一芽三叶百芽重 123.0 g，春茶一芽二叶含茶多酚 13.5%，氨基酸 5.9%，咖啡碱 3.3%，水浸出物 46.8%。产量高，每亩可产干茶 150 kg 以上。适制绿茶、红茶、白茶。抗寒抗旱能力较强，适应性较强。扦插繁殖力强，成活率高。适栽于江南茶区。

（三）铁观音

无性系，灌木型，中叶类，晚生种。原产于福建省安溪县西坪镇松尧，1985 年通过全国农作物品种评审委员会认定，编号 GS13007—1985。

特征：植株中等，树姿开张，分枝稀，枝条斜生。叶片呈水平状着生，椭圆形，叶色浓绿光润，叶缘呈波浪状，叶身平。芽叶生育力较强，发芽稀，持嫩性较强，绿带紫红色，肥壮，茸毛较少。一芽三叶百芽重 60.5 g，春茶一芽二叶含茶多酚 17.4%，氨基酸 4.7%，咖啡碱 3.7%，水浸出物 51.0%。产量较高，每亩可产干茶 100 kg 以上。适制乌龙茶、绿茶。抗寒抗旱能力较强，适应性较强。扦插繁殖力强，成活率高。适栽于乌龙茶茶区。

（四）福云 6 号

无性系，小乔木型，大叶类，特早生种。由福建省农科院茶叶研究所于 1957—1971 年从福鼎大白与云南大叶自然杂交后代中采用单株育种法育成，1987 年通过全国农作物品种评审委员会认定，编号 GS13033—1987。

特征：植株高大，树姿半开张，主干显，分枝较密。叶片呈水平状或稍下垂状着生，长椭圆形，叶色绿，有光泽，叶缘平或微波，叶身稍内折或平。芽叶生育力强，发芽密，持嫩性较强，茸毛特多。一芽三叶百芽重 69.0 g，春茶一芽二叶含茶多酚 14.9%，氨基酸 4.7%，咖啡碱 2.9%，水浸出物 45.1%。产量高，每亩可产干茶 200~300 kg。适制绿茶、红茶、白茶。抗寒抗旱能力较强，适应性较强。扦插繁殖力强，成活率高。适栽于江南茶区。

（五）楮叶齐

无性系，灌木型，中叶类，中生种。由湖南省农科院茶叶研究所从安化群体中采用单株育种法育成，1987 年通过全国农作物品种评审委员会认定，编号 GS13036—1987。

特征：植株高大，树姿半开张，主干显，分枝较密。叶片呈水平状或稍下垂状着生，长椭圆形，叶色绿，有光泽，叶缘平或微波，叶身稍内折或平。芽叶生育力强，发芽密，持嫩性较强，茸毛中等。一芽三叶百芽重 22.0 g，春茶一芽二叶含茶多酚 17.8%，氨基酸 4.4%，咖啡碱 4.1%，水浸出物 40.4%。产量高，每亩可产干茶 214 kg。适制绿茶、红茶，品质优良。抗寒抗旱能力较强，适应性较强。扦插繁殖力强，成活率高。适栽于江南茶区。

（六）龙井 43

无性系，灌木型，中叶类，特早生种。由中科院茶叶研究所于 1960—

1978 年从龙井群体中采用单株育种法育成，1987 年通过全国农作物品种评审委员会认定，编号 GS13037—1987。

特征：植株中等，树姿半开张，分枝密。叶片呈上斜状着生，椭圆形，叶色深绿，叶缘微波，叶身稍内折或平。芽叶生育力强，发芽整齐，耐采摘，持嫩性较差，茸毛少。一芽三叶百芽重 31.6 g，春茶一芽二叶含茶多酚 15.3%，氨基酸 4.4%，咖啡碱 2.8%，水浸出物 51.3%。产量高，每亩可产干茶 190~230 kg。适制绿茶。抗寒性强，抗高温和炭疽病较弱。扦插繁殖力强，移栽成活率高。适栽于长江南北绿茶茶区。

（七）迎霜

无性系，小乔木型，中叶类，早生种。由杭州市农科院茶叶研究所于 1956—1979 年从福鼎大白和云南大叶自然杂交后代中采用单株育种法育成，1987 年通过全国农作物品种评审委员会认定，编号 GS13041—1987。

特征：植株较高大，树姿直立，分枝密度中等。叶片呈上斜状着生，椭圆形，叶色黄绿，叶缘波状，叶身稍内折。芽叶生育力强，持嫩性较强，生长期长，茸毛中等。一芽三叶百芽重 45.0 g，春茶一芽二叶含茶多酚 18.1%，氨基酸 5.4%，咖啡碱 3.4%，水浸出物 44.8%。产量高，每亩可产干茶 280 kg。适制绿茶、红茶。抗寒性尚强，扦插繁殖力强。适栽于江南绿茶、红茶茶区。

（八）云抗 10 号

无性系，乔木型，大叶类，早生种。由云南农科院茶叶研究所于 1973—1985 年从勐海县南糯山群体中采用单株育种法育成，1987 年通过全国农作物品种评审委员会认定，编号 GS13050—1987。

特征：植株较高大，树姿开张，分枝密。叶片呈上斜状着生，长椭圆形，叶色黄绿，叶缘微隆，叶身稍内折。芽叶生育力强，黄绿色，茸毛特多。一芽三叶百芽重 120.0 g，春茶一芽二叶含茶多酚 15.6%，氨基酸 4.2%，咖啡碱 2.6%，水浸出物 51.6%。产量高，每亩可产干茶 250 kg。适制绿茶、红茶。抗寒及抗茶饼病强，扦插繁殖力强，成活率高。适栽于西南和华南最

低温 −5℃ 以上茶区。

（九）白毫早

无性系，灌木型，中叶类，早生种。由湖南省农科院茶叶研究所从安化群体中采用单株育种法育成，1994 年通过全国农作物品种评审委员会认定，编号 GS13017—1994。

特征：树姿半开张，分枝部位较高。叶片呈稍上斜状着生，长椭圆形，叶色绿，有光泽，叶面平滑，叶身稍内折，叶尖渐尖。芽叶生育力强，发芽密，持嫩性较强，茸毛特多。一芽二叶百芽重 21.2 g，春茶一芽二叶含茶多酚 18.6%，氨基酸 5.2%，咖啡碱 3.6%，水浸出物 49.6%。产量高，5 龄茶园每亩可产鲜叶 420 kg。适制绿茶，品质优良。抗寒抗病能力较强，抗旱性特别强。扦插繁殖力强，成活率高。适栽于长江南北绿茶茶区。

（十）玉绿

无性系，灌木型，中叶类，早生种。由湖南省农科院茶叶研究所以日本薮北种为母本，用福鼎大白、褚叶齐、湘波绿和龙井 43 等优良品种的混合花粉经人工杂交授粉采用杂交育种法育成，2010 年通过全国农作物品种评审委员会认定，编号国品鉴茶 2010010。

特征：树姿半开张，分枝较密。叶片呈稍上斜状着生，椭圆形，叶色黄绿，叶面平展，叶尖渐尖。芽叶生育力强，绿色或黄绿色，肥壮，茸毛特多。一芽三叶百芽重 130 g，春茶一芽二叶含茶多酚 21.0%，氨基酸 4.2%，咖啡碱 3.9%，水浸出物 48.2%。产量高，每亩可产干茶 150 kg。适制绿茶，品质优良，具有"三绿"特征。抗寒抗病抗旱性特别强。扦插繁殖力强，成活率高。适栽于四川、湖南和湖北茶区。

（十一）中茶 108

无性系，灌木型，中叶类，特早生种。由中科院茶叶研究所于 1986—2010 年从龙井 43 辐射诱变后代中经单株选择无性繁殖的方法育成，2010 年通过全国农作物品种评审委员会认定，编号国品鉴茶 2010013。

特征：植株中等，树姿半开张，分枝较密。叶片呈上斜状着生，长椭圆形，叶色绿，叶面微隆，叶身平，叶缘微波，叶尖渐尖。芽叶生育力强，持嫩性强，黄绿色，茸毛较少。一芽三叶百芽重 36.7 g，春茶一芽二叶含茶多酚 12.0%，氨基酸 4.8%，咖啡碱 2.6%，水浸出物 48.8%。产量高，每亩可产干茶 250 kg。适制龙井、烘青绿茶。抗寒抗旱性强，抗病虫，尤抗炭疽病。扦插繁殖成活率高。适栽于江北、江南茶区。

（十二）鸿雁 9 号

无性系，小乔木型，中叶类，早生种。由广东农科院茶叶研究所于 1990—2003 年从八仙茶自然杂交后代采用单株育种法育成，2010 年通过全国农作物品种评审委员会认定，编号国品鉴茶 2010019。

特征：植株高大，树姿开张，分枝尚密。叶片呈上斜状着生，长椭圆形，叶色深绿，叶面微隆，叶身平，叶缘微波状，叶尖渐尖。芽叶生育力强，淡绿色，茸毛中等。一芽三叶百芽重 136.0 g，春茶一芽二叶含茶多酚 23.4%，氨基酸 2.3%，咖啡碱 3.0%，水浸出物 54.3%。产量高，每亩可产干茶 178 kg。适制绿茶、红茶和乌龙茶。抗旱性强，抗小绿叶蝉强。适栽于广东、广西、湖南和福建等茶区。

二、省级茶树品种

（一）保靖黄金茶 1 号

无性系，灌木型，中叶类，特早生种。由湖南省农科院茶叶研究所和保靖农业局从保靖黄金茶群体采用单株育种法育成，2010 年通过湖南省农作物品种评审委员会审定，编号 XPD005—2010。

特征：树姿半开张。叶片呈半上斜状着生，叶面隆起，叶身稍内折，叶尖渐尖。芽叶生育力强，发芽密度大，整齐，芽数型，黄绿色，茸毛中等。一芽二叶百芽重 32.4 g，春茶一芽二叶含茶多酚 14.6%，氨基酸 5.8%，咖啡碱 3.7%，水浸出物 45.5%。产量高，4~6 龄茶园每亩可产干茶 208 kg。适制绿茶、红茶，品质优良。适栽于湖南茶区。

（二）碧香早

无性系，灌木型，中叶类，早生种。由湖南省农科院茶叶研究所以福鼎大白为母本、云南大叶为父本采用杂交育种法育成，1993 年通过湖南省农作物品种评审委员会审定，编号为 1993 年品审证字第 131 号。

特征：树姿半开张，叶片呈稍上斜状着生，长椭圆形，叶色绿，叶面隆起，叶尖渐尖。芽叶生育力强，绿色，肥壮，茸毛多。一芽二叶百芽重18.1 g，春茶一芽二叶含茶多酚 18.3%，氨基酸 6.7%，咖啡碱 4.7%，水浸出物 47.8%。产量高，成龄茶园每亩可产干茶 240 kg。适制绿茶，品质优良，有栗香。抗寒性强。扦插繁殖力强，成活率高。适栽于湖南、湖北、广西等茶区。

（三）尖波黄

无性系，灌木型，中叶类，早生种。由湖南省农科院茶叶研究所从安化群体中采用单株选育法育成，1987 年通过湖南省农作物品种评审委员会认定。

特征：树姿半开张，分枝部位高，密度中等。叶片呈稍上斜状着生，长椭圆形，叶色黄绿，叶面隆起，叶尖渐尖。芽叶肥壮，持嫩性较强，黄绿色，茸毛较多。一芽二叶百芽重 20.3 g，春茶一芽二叶含茶多酚 19.2%，氨基酸 4.2%，咖啡碱 3.4%，水浸出物 45.5%。产量中等，成龄茶园每亩可产干茶 70 kg。适制红茶，品质优良。抗寒性强。适栽于湖南红茶、黄茶茶区。

（四）茗丰

无性系，灌木型，中叶类，中生种。由湖南省农科院茶叶研究所以福鼎大白为母本、云南大叶为父本采用杂交育种法育成，1993 年通过湖南省农作物品种评审委员会审定，编号为 1993 年品审证字第 132 号。

特征：树姿半开张，叶片呈稍上斜状着生，长椭圆形，叶色绿，富有光泽，叶面平或隆起，叶尖渐尖。芽叶生育力强，绿色或黄绿色，肥壮，茸毛较多。一芽二叶百芽重 16.3 g，春茶一芽二叶含茶多酚 17.9%，氨基酸 6.8%，咖啡碱 4.6%，水浸出物 47.4%。产量高，成龄茶园每亩可产干茶

330 kg。适制绿茶，品质优良。抗寒抗旱性强。扦插繁殖力强，成活率高。适栽于湖南、湖北、广西等茶区。

（五）桃源大叶

无性系，灌木型，大叶类，早生种。由湖南农业大学茶叶研究所和桃源县茶树良种站从桃源群体中采用单株选育法育成，1992 年通过湖南省农作物品种评审委员会审定，编号为 1992 年品审证字第 107 号。

特征：植株较高大，树姿半开张，枝条粗壮稀疏。叶片呈稍上斜状或水平状着生，椭圆形，叶色深绿，叶面微隆。发芽密度小，芽叶肥壮，持嫩性较强，绿带紫红色，茸毛尚多。一芽二叶百芽重 21.1 g，春茶一芽二叶含茶多酚 19.2%，氨基酸 5.1%，咖啡碱 2.6%，水浸出物 49.2%。产量中等，成龄茶园每亩可产干茶 80 kg。适制红茶、绿茶，品质优良。抗寒抗旱性强，扦插繁殖力强。适栽于湖南茶区。

（六）湘波绿 2 号

无性系，灌木型，中叶类，早生种。由湖南省农科院茶叶研究所以福鼎大白为母本、湘波绿等 5 个品种的混合花粉为父本采用单株育种法育成，2011 年通过湖南省农作物品种评审委员会审定，编号 XPD028—2011。

特征：树姿半开张，分枝密度中等。叶片呈稍上斜状着生，长椭圆形，叶色深绿，叶面隆起有光泽，叶身背卷，叶尖渐尖。芽叶生育力强，持嫩性强，黄绿色，茸毛中等。一芽二叶百芽重 21.2 g，春茶一芽二叶含茶多酚 24.4%，氨基酸 4.7%，咖啡碱 4.5%，水浸出物 42.7%。产量高，成龄茶园每亩可产干茶 236~296 kg。适制绿茶，品质优良，尤宜制高档名优绿茶。抗寒抗旱抗病虫害强。扦插繁殖力强，成活率高。适栽于湖南、湖北、广西等茶区。

（七）湘妃翠

无性系，灌木型，中叶类，早生种。由湖南农业大学从福鼎大白的自然杂交后代采用单株育种法育成，2003 年通过湖南省农作物品种评审委员会审定，编号 XPD012—2003。

特征：半披张状，分枝角度和分枝密度较大。叶片呈水平或上斜状着生，椭圆形，叶色绿或黄绿，叶面平或微隆，叶身平或稍内折。芽叶生育力强，浅绿色，茸毛尚多。一芽二叶百芽重 23.3 g，春茶一芽二叶含茶多酚 17.4%，氨基酸 5.9%，咖啡碱 4.6%，水浸出物 48.2%。产量高，成龄茶园每亩可产鲜叶 653 kg。适制绿茶。抗寒抗旱性强，移栽成活率高。适栽于湖南茶区。

（八）玉笋

无性系，灌木型，中叶类，早生种。由湖南省农科院茶叶研究所以日本薮北种为母本，用福鼎大白、槠叶齐、湘波绿和龙井 43 等优良品种的混合花粉经人工杂交授粉采用杂交育种法育成，2009 年通过湖南省农作物品种评审委员会审定，编号 XPD029—2009。

特征：树姿半开张，分枝较密。叶片呈稍上斜状着生，长椭圆形，叶色绿，有光泽，叶面平，叶尖渐尖。芽叶生育力强，持嫩性强，浅绿色，肥壮，茸毛较多。一芽二叶百芽重 20.3 g，春茶一芽二叶含茶多酚 17.8%，氨基酸 6.8%，咖啡碱 3.4%，水浸出物 48.5%。产量高，4~6 龄茶园每亩仅春季可产鲜叶 1030 kg。适制绿茶，尤宜制高档名优绿茶，品质优良。抗寒抗旱性强，抗瘿螨较弱。扦插繁殖力强，成活率高。适栽于湖南绿茶茶区。

（九）潇湘红 21-3

无性系，灌木型，中叶类，中生种。由湖南省农科院茶叶研究所从江华苦茶自然杂交后代采用单株育种法育成，2012 年通过湖南省农作物品种评审委员会审定，编号 XPD008—2012。

特征：树姿半开张，分枝较密。叶片呈上斜状着生，长椭圆形，叶色黄绿，有光泽，叶面平展，叶尖渐尖。芽叶生育力强，持嫩性强，茸毛较少。一芽三叶百芽重 58.5 g，春茶一芽二叶含茶多酚 33.5%，氨基酸 3.6%，水浸出物 45.9%。产量高，5 龄茶园每亩可产鲜叶 1000 kg 以上。适制红茶，香气高锐，品质优良。抗寒抗旱性强。扦插繁殖力强，成活率高。适栽于长江中下游茶区。

（十）潇湘 1 号

无性系、灌木型、大叶类、中生种。由湖南省农科院茶叶研究所以湘波绿为母本、四川古蔺牛皮茶为父本，采用杂交育种法育成，2016 年通过湖南省农作物品种评审委员会审定，编号 XPD007—2016。

特征：树姿开张，分枝较稀。叶片呈上斜状着生，椭圆形，叶色黄绿，有光泽，叶肉厚，叶面微隆起，叶尖渐尖。芽叶生育力强，持嫩性强，茸毛中等。一芽二叶百芽重 53.14 g，春茶一芽二叶含茶多酚 28.0%，氨基酸3.8%，水浸出物 42.6%。产量高，成龄茶园每亩可产鲜叶 1248 kg。适制红茶、绿茶，有花香，品质优良。抗寒抗旱及抗病虫害强，扦插繁殖力强，成活率高。适栽于长江中下游及华南、西南茶区。

（十一）保靖黄金茶 2 号

无性系、灌木型、中叶类、特早生种。树姿半开展，分枝密度中等，芽叶黄绿色，茸毛中等，持嫩性强。内含物丰富，氨基酸含量高，春季一芽二叶水浸出物 38.59%±2.63%，氨基酸 5.44%±0.42%，茶多酚17.4%5±3.09%，咖啡碱 3.85%±0.73%。适制名优绿茶，品质优异。春茶制毛尖外形色泽绿翠带毫，汤色绿亮，香气嫩香清鲜持久，味醇爽较鲜，叶底嫩匀绿亮。

第二节　品种选择

不同的品种有不同的特征特性，如树形、分枝密度、叶片大小、芽叶色泽和百芽重、制茶品质、产量高低、适制性、抗逆性与适应性、内含成分等，从而形成了茶树品种特征与特性的多样性。在茶树品种的选用上，应注意考虑以下几点：①充分了解园地的生态条件，特别是土壤、光照、温度、水分、植被、天敌以及病虫草害的现状，选择与之相适应、抗性强的茶树品种。②明确企业规划，确定适宜发展茶类的品种，选择适制性好、品质优异且互补的茶树品种进行搭配。③为考虑适合机械化采茶的需要，应选择发芽整齐、便于机采的无性系品种为主。④如是镉污染耕地种茶，则要选择镉低积累茶树品种，如茗丰、碧香早和湘波绿 2 号等，或选择镉污染阈值高于当地土壤镉含量的品种。

中国茶树品种十分丰富，为适应各地生长和制作各大茶类提供了丰富的种质资源。但不同的茶树品种，其发芽迟早、生长快慢、内含品质成分等差异很大。为了发挥品种间的协同作用，避免茶季"洪峰"，使劳动力安排与茶机具使用平衡，一个生产单位所采用的品种，要有目的地科学搭配。

一、萌芽迟早品种搭配

不同茶树品种的萌芽期不同，进行不同萌芽期品种的合理搭配，可以延长生产季节，有效调节茶叶生产的"洪峰"，缓解相同品种同时萌发带来的茶季劳动力、机械设备不足的矛盾，使茶季在一个相对均衡的生产条件下度过，以保证茶叶品质。同时，不同萌芽期品种的搭配，在一定程度上能避免品种单一性造成的病虫害快速蔓延和其他自然灾害的扩散，减少病虫害和其他自然灾害带来的损失。

目前，湖南栽培的特早生品种主要有白毫早、保靖黄金茶 1 号和乌牛早，早生品种有福鼎大白和迎霜等，中生品种有碧香早、茗丰、尖波黄、玉笋、湘波绿 2 号等，中晚生品种有槠叶齐、桃源大叶等。应根据不同地区不同海拔高度的气候条件变化进行搭配，一般特早生品种占 10%~20%，早生品种占 50%~60%，中生品种占 30%~40%，中晚生品种占 10%。在高山和阴坡上以中生品种为主。如是小面积种茶，可以考虑以特色品种为主。

二、品质特性搭配

品种的生化成分直接关系到成茶品质，一般在绿茶产区应选择氨基酸含量相对较高的品种合理搭配，如保靖黄金茶 1 号与碧香早搭配；红茶区宜选用茶多酚含量高和多酚氧化酶活性高的品种搭配，如槠叶齐、保靖黄金茶 1 号等。在生产中，为利用某些品种的品质成分的协同作用，提高茶叶品质，要发挥各个品种各自的特点，如香气较好的、滋味甘美的或汤色浓鲜的品种，茸毛的多少及叶形等进行组合，使鲜味原料相互取长补短，提高产品的质量。如一般大叶种制红茶，浓强度较高，而中小叶种制红茶，香气较好，在红茶产区从提高品质考虑，应注意两者合理搭配。这种品质特征的搭配，有利于精制茶生产加工时的产品搭配。

第三节　茶树种植

不同品种茶树有不同的最适生态条件，其中最主要的是气温。如果生态条件超出了品种的最适范围，就不能充分表现其优良性状，选用抗寒性强、适应能力强的品种，种植比较容易成功。

一、苗木选择

移栽茶苗前要做病虫害的检疫工作，要防止日晒风吹，前期在苗木上覆以稻草和蓬布防日晒风吹，茶苗的质量应选用Ⅰ级苗木为佳（表3-1）。苗木根部还要用黄泥水浆沾根以保证成活。

表 3-1　苗木质量指标

级别	苗龄	苗高（cm）	苗粗（mm）	侧根数（根）	品种纯度（%）
Ⅰ	一足龄	≥30	≥3.0	≥3	100
Ⅱ	一足龄	≥20	≥2.0	≥2	100

移栽时期要选择茶树地上部处于休眠时期进行移栽，有利于成活。同时，还应该根据当地的气候条件，避免在干旱和严寒时期移栽。根据我省气候与生产情况，移栽可在秋末冬初或早春时进行。秋末冬初移栽有利于茶苗的成活，这是由于此时地上部虽然已经停止生长，而根系生长还在继续，茶苗越冬后，根系在翌年春天可较早进入正常生长。但是在冬季干旱或冰冻严重的时节，以选在春初进行较好，这时温度低、雨水足，栽后浇水数量和次

数都可减少。

二、种植方式

种植方式和密度常规生产茶园适宜单行条栽或双行条栽（图3-1）。单行条栽：行距 1.5 m，株距 0.33 m，每穴种 2 株，每亩茶园约 1333 丛，需茶苗 2800 株左右。双行条栽：大行距 1.5 m，小行距 0.4 m，株距 0.33 m，每亩约 2666 丛，每丛 2 株，每亩约需 5500 株茶苗。

图 3-1　茶苗种植

三、移栽方法

茶苗移栽应选在阴天或晴天早晚进行，可参照以下方法进行（图3-2）。①按株距、行距开种植沟。沟深 20~30 cm。②施入基肥。基肥量：有机肥（如菜子饼等）200~300 千克/亩左右或农家有机肥 1000~1200 千克/亩，配施磷肥 50 千克/亩，施后盖土，厚约 5 cm。③移栽。一手扶直茶苗，一手把土填入沟中，覆土时先将须根覆盖，再用手把茶苗轻轻向上提，使茶苗根系自然舒展，并与土壤紧密相接。然后再覆土压紧，茶苗根系切忌接触肥料。④浇定根水。移栽后 3~4 h 浇定根水，每穴浇水 2.5~4 kg，如遇连续天晴，则需 3~5 天浇水一次，连续浇 2~3 次，每次需浇透。⑤培土。土壤以超过根颈部 2~5 cm 为宜。⑥修剪。培土后应及时修剪，修剪高度一般为茶苗离地 15 cm 左右，其中保靖黄金茶 1 号等生长势较强的品种 12~15 cm。⑦补苗。定植一年后，应于初冬或翌年早春进行补蔸，补蔸采用同龄同高度的茶苗。

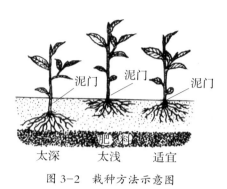

图 3-2　栽种方法示意图

图 3-3　茶苗种植

第四节　营养管理

茶树在生长发育过程中，需要从土壤中吸收各种营养元素，但土壤中的各种营养元素又是有限的，且彼此之间还不平衡。因此，必须通过施肥来补充和调节土壤中的各种营养素，以满足茶树的要求。茶园管理主要包括幼龄茶园和成龄茶园两个方面。

一、幼龄茶园

幼龄茶园的新梢采摘量较少，因此茶园施肥量较成龄茶园少。幼龄茶园施肥可按照基肥与追肥两类施用，二者比例为4：6，基肥与追肥均以开沟施用为佳（图3-4）。

图 3-4　开沟施肥

基肥宜选择在10月底至11月初施用，每1~2年施一次。1~2龄茶园沟深10~15 cm、3~4龄茶园20~25 cm、5~6龄茶园25 cm左右，将

200~300 kg 菜子饼或农家肥 1000~1200 kg 配合尿素等其他肥料均匀施入沟中后及时盖土。

追肥分三次施用，春季追肥时间以春茶萌发前 30 天左右为宜，可适当推迟，最迟不得迟于萌发前 10 天。夏季追肥在 5 月上旬，春茶结束后立即施用。秋季追肥在 7 月下旬至 8 月上旬施用。1~2 龄茶园离茶树根颈 10~15 cm 处、3~4 龄茶园离根颈 20~25 cm 处、5~6 龄茶园离根颈 30~35 cm 处开沟，沟深均为 7~10 cm，将肥料均匀撒施沟中后盖土，其中 1~2 龄茶园亦可用稀薄的人畜粪尿发酵后浇施或添加尿素等肥料兑水浇施。春、夏、秋追肥用量比例为 5：2：3。以尿素为例，5~6 龄茶园三次追肥用量分别为 5~6.5 kg、2~2.6 kg、3~4 kg。具体施肥量可参照表 3-2 进行。

表 3-2　茶苗种植规格及施肥量

树龄（龄期）	纯氮（N）用量（以尿素计）（kg）	磷（P$_2$O$_5$）施用量（以过磷酸钙计）（kg）	钾（K$_2$O）施用量（以硫酸钾计）（kg）
1~2	3.0~5.0（7~11）	1.0~1.7（7~12）	1.0~1.7（2~3）
3~4	5.0~8.0（11~17）	1.7~2.7（12~22）	1.7~2.7（3~5）
5~6	8.0~12.0（17~26）	2.7~4.0（22~33）	2.7~4.0（5~7.5）

二、成龄茶园

随着茶树的生长发育，其树势与产量均日益加大。因此施肥量需按照以下原则进行：每采摘 100 kg 鲜叶施入纯氮 6~7 kg，过磷酸钙或钙镁磷肥 10~12 kg，硫酸钾 4~5 kg。一般每亩施商品有机肥（如菜子饼等）300 kg 左右或农家有机肥 1000~2000 kg，配合尿素、碳铵、磷、钾肥和其他所需营养一起施用。成龄茶园施肥仍按照基肥与追肥两类施用，二者比例为 4：6，三次追肥用量比例为 4：3：3。基肥与追肥均以开沟施用为佳。

成龄茶园基肥施用按照茶园土壤肥力水平酌情考虑，土壤肥培水平较好的茶园隔年施一次，肥培水平一般的茶园需每年施用。于秋茶结束后施用，一般在 10 月底 11 月初进行。可在树冠边缘垂直下方，即离茶树根颈 40 cm 处开沟施入，沟深 20~30 cm，将肥料均匀撒入沟中，施后及时盖土。

成龄茶园追肥每年进行 3 次，第一次于春茶开采前 30 天，宜早不宜迟；第二次与第三次的追肥时间与幼龄茶园追肥时间一致，沟施为佳，沟深 10 cm 左右，以每亩产鲜叶为 150 kg 的茶园为例，三次尿素追肥用量分别为：4.5~5.5 kg、3.5~4.0 kg、3.5~4.0 kg。

第五节　茶园土壤管理

耕作的主要作用是破除因降雨冲击或人畜踩踏所造成的土壤表面的板结层，改善土壤的通气和透水状况，清除茶园的杂草。一般可分为浅耕和深耕两种。此外，还可以在茶园进行间作植被或覆盖，对茶园土壤进行地力改良。

浅耕：一般每年进行 4~5 次，结合施追肥进行，翻耕深度 10 cm 左右，同时清除茶园杂草。对 1~2 龄茶园，耕锄时需离根颈 10 cm 左右。10 cm 以内的杂草应用手护住茶苗根部土壤轻轻拔除（图 3-5）。

深耕：每年或隔年进行一次，在秋茶后 11 月初结合施基肥进行。翻耕深度与基肥开沟保持一致，同时清除多年生及顽固性杂草（图 3-6）。

图 3-5　茶园浅耕

图 3-6　茶园深耕

茶园间作：在低山、丘陵和易受干旱影响地区的新建茶园或茶行较大的成龄茶园，可选择间作矮秆的豆科作物或绿肥作为增肥保水的措施。

茶园行间铺草可有效地保持水土和抑制杂草生长，夏天可降低土温减少土壤水分蒸发，冬天可增加土温减轻茶树冻害。因此，应大力提倡。茶园铺草时间，宜在干旱来临前和冻害来临前进行，每亩干草用量 1000 kg 左右。

第六节　茶树修剪

茶树修剪是塑造丰产树冠的主要手段；茶叶采摘既是茶树栽培的收获过程，也是养成茶树丰产树冠不可缺少的辅助措施。自然生长的茶树，以主轴生长为主，分枝少而短，只有通过合理的修剪与采摘，才能改变其这种分枝习性，即变主轴生长为合轴式分枝，从而使茶树逐步形成矮、密、壮、宽的丰产树冠。

幼龄茶园以定型修剪为主，目的是促进侧芽萌发，增加有效分枝层次和数量，培养骨干，形成宽阔健壮的骨架。定型修剪一般要进行 3 次，每次的高度和方法也不一样（图 3-7）。① 第一次定型修剪：当一年生茶苗有 75%~80% 长到 30 cm 以上时，即可进行。如果高度不够标准，可推迟到第二年春茶生长休止时期进行。第一次定型修剪的高度，对今后分枝的多少和生长强弱有密切关系。一般而言，第一次定剪高度应离地面 15~20 cm 为宜，用枝剪，只剪主枝，不剪侧枝。②第二次定型修剪：一般在上次修剪一年后进行。修剪的高度为在上次剪口上提高 15~20 cm。如果茶苗生长旺盛，只要苗高已达修剪标准，即可提前时行第二次定型修剪。这次修剪可用篱剪（即水平剪）按修剪高度标准剪平，然后用整枝剪修去过长的桩头，同样要注意留外侧的腋芽，以利分枝向外伸展。③第三次定型修剪：在第二次定型修剪一年后进行。如果茶苗生长旺盛同样也可提前。这次修剪的高度在上次剪口上提高 10~15 cm，用篱剪将蓬面剪平即可。

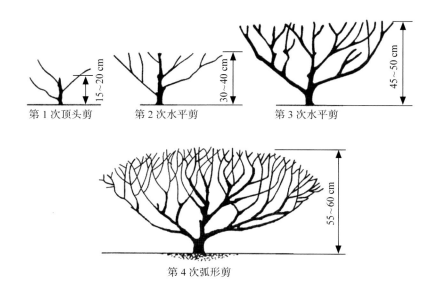

第1次顶头剪   15~20 cm

第2次水平剪   30~40 cm

第3次水平剪   45~50 cm

第4次弧形剪   55~60 cm

图 3-7　定型修剪示意图

成龄茶园修剪是茶树优质高效树冠培养的重要手段。目前，我省推广应用最多的成龄茶园修剪方法有定型修剪、轻修剪、深修剪、重修剪和台刈 5种。其中，定型修剪主要起培养树冠骨架，促进分枝，扩大树冠的作用；轻修剪主要起整理树冠的作用；深修剪、重修剪和台刈的主要目的是更新复壮树冠。根据茶树的生长发育特点、树势和相应的环境条件，合理应用不同的修剪方法及其配套技术措施，才能达到增产、提质和高效的目标。

轻修剪：由于轻修剪的程度较轻，所以树冠形状以浅弧形和水平型为宜。一般每年在茶树树冠采摘面上进行一次轻修剪，每次在上次剪口上提高 3~5 cm；如果树冠整齐，长势旺盛，可以隔年修剪一次。轻修剪的目的是使树冠采摘面保持齐而强壮生产枝的发芽势，促进营养生长，减少开花结果。我省都在秋茶后或春茶后进行轻修剪。不提倡春茶前修剪，以免导致春茶减产。修剪宜轻不宜重，一般只剪去当年部分秋梢和小部分夏梢。如果剪得过重，会导致次年发芽迟，芽头少，影响春茶产量。对花果着生较多的枝条可剪重一些，以减少养分消耗（图 3-8）。

图 3-8　茶树轻修剪

深修剪：深修剪的深度以剪除"鸡爪枝"为原则，一般剪去树冠表面 10~15 cm 的枝叶。深修剪一般安排在春茶结束后进行，按树冠形状用采茶机剪去表层枝叶。深修剪后茶树叶面积锐减，甚至没有，应留养一季夏茶。对于采摘大宗茶的茶园，秋茶可打顶轻采；对于采摘名优茶的茶园，留养夏茶和前期秋茶，7 月中下旬轻修剪，秋末采制名优茶。茶树深修剪后，新形成的生产枝较未剪前略有增粗，育芽能力有所增强，为控制树冠高度，应与轻修剪相配合。一般深修剪后应每年或隔年轻修剪一次，轻修剪数年后深修剪（回剪，一般为 4 年左右）一次。这样轻修剪和深修剪交替进行，可使采摘面上较长时间保持旺盛的生长枝，延长茶树的高产优质年限（图 3-9）。

图 3-9　深修剪示意图

重修剪：重修剪的方法有两种，一种是在设定的高度用修剪机或锋利的柴刀将上部枝叶全部剪（砍）去；另一种是在每丛茶树的边缘留 3~5 根骨干枝不剪，其余枝条全部剪（砍）去，经过一个多月的生长，当修剪枝条长出新梢后，再在同样的高度剪去留下的枝条，我省主要以第一种方法为主，剪口一般离地面 30~45 cm 为宜，剪口要求光滑平整，剪后的 2~3 个月新梢长至 20 cm 以上，新梢基部 5 cm 左右开始半木质化时，需在重修剪剪口上提高 5 cm 进行一次定型修剪。茶树重修剪的周期与茶树生长势，重修剪与轻、深修剪的配合，以及茶园肥培管理措施等有关。对于采摘大宗茶的茶园，重修剪的周期为 9~10 年，中

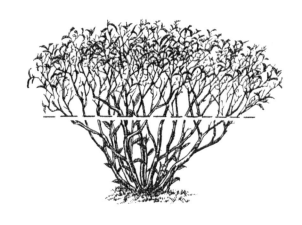

图 3-10　重修剪示意图

间进行 1 次深修剪为宜；对于采摘名优茶的茶园，一个重修剪的周期内以进行 2~3 次深修剪为宜（图 3-10）。

台刈：宜在春茶前进行。可用台刈机切割或锋利柴刀斜劈，离地面 5~10 cm 处剪去全部地上部分枝干。剪口要求平滑、倾斜，切忌砍破桩头，以免感染病虫和滞留雨水，影响新芽萌发。台刈后茶树抽发大量新枝后进行疏枝，即留下 5~8 枝壮枝留养（图 3-11）。

经过重修剪和台刈改造的茶树，也需进行定型修剪。重修剪的茶园在剪后的第二年，距剪口

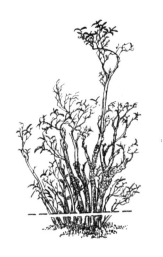

图 3-11　台刈示意图

12~15 cm 处进行定型修剪。台刈茶园在第二年距离地面 40 cm 处进行第一次定型修剪，然后再在下一年距离第一次定型修剪剪口 12~15 cm 处进行第二次定型修剪。

第七节　水分管理

每年分别在雨季过后和冬季清理水沟与沉沙函，保持排水畅通。雨季注意水池蓄水，供旱季使用。此外，改善土壤耕锄，并在茶园周围种植防护林，如水杉、金钱杉、香樟、棕榈等，均有助于茶园保水防旱。

茶园灌溉指标：①土壤相对含水量低于 70%；②日平均气温 30℃左右，持续 1 周无有效降雨；③清晨茶树叶片无露水，失去光泽，中午嫩叶有萎蔫现象。上述有任一现象出现时，需进行灌溉作业。

我省茶园灌溉方式主要有喷灌、滴灌、沟灌、浇灌等。①喷灌：一般采用低压喷头（近射程，图 3-12）、中压喷头（中射程）和高压喷头（远射程）进行喷灌，喷洒均匀系数需在 80% 以上，喷头间距一般为射程的 1.0 倍。②滴灌：采用低扬程离心泵加压或利用自然水头落差或者在高处修建蓄水池、水塔进行滴灌。第一次滴灌时要灌饱，使泥土湿度达到田间持水量。滴灌时需注意清洁过滤器，避免滴头和毛管堵塞（图 3-13）。③沟灌：有一定坡度或平地茶园，可采取沟灌。灌水前在茶行一侧开沟（或隔几行开沟），沟深 10 cm 左右，宽 20 cm 左右。灌水沟与引水沟衔接。灌溉后将沟覆土填平，使大部分泥土能够维持较蓬松的状态。沟灌须因地制宜地调节流量、控制流速，以免造成水土流失。④浇灌：小面积抗旱适合进行人工浇灌。浇灌时结合施稀薄粪水，效果更好。

灌水量：喷灌每亩茶园需水约 25 m³，滴灌约 10 m³，沟灌约 45 m³，人工浇灌约 10 m³，以 0~30 cm 土壤相对含水量为 75%~90%，土握成团不散为灌溉适度的标志。

图 3-13　茶园滴灌

图 3-12　近射程喷灌（上）
和远射程喷灌（下）

第八节　茶叶采摘

采茶是茶叶生产中耗工最多的一项工作，即使在采摘大宗茶的产区，采茶所需用工量也占总用工量的 60% 以上，而且季节性强，必须及时采摘才能保证茶叶的产量与品质。

茶叶采摘目的：通过茶叶采摘技术，借以促进茶树的营养生长，控制生殖生长，协调采与养、量与质之间的矛盾，达到多采茶，采好茶，提高茶叶经济效益。

鲜叶采摘原则：适时采摘，严格掌握好采摘标准，坚持分批勤采。

一、适时采摘

适时采摘首先是要抓好春茶开采期，一般名茶（芽型、毛尖型）于树冠面标准芽达 15%~20% 时开采，每隔 1~2 天采摘一批；红茶、绿茶实行分批多次留叶采，于树冠面标准新梢达 20%~30% 时开采；边茶每轮茶采一次，新梢全部达到标准后开采。在我省低海拔地区，一般特早生品种在 3 月上旬就可以开采。

新梢伸长至旺盛时期（即高峰期），应及时组织好足够的劳力，把采摘面上的嫩梢尽力按标准采净。若延迟时间则新梢老化，不仅影响当季茶叶品质，还会抑制下轮茶的萌发和生长，产量也上不去。

二、严格采摘标准

成品茶的品质除受加工技术影响外，主要是由鲜叶原料的质量决定的。不同茶类对采摘标准要求不一样，一般名优茶采摘标准为单芽、一芽一叶或一芽二叶初展；一般大宗绿茶、红茶为一芽二三叶及相当嫩度的对夹叶，黑茶一般采摘一芽四五叶和对夹三四叶，乌龙茶一般采摘对夹二三叶或三四叶中开面的原料。

三、采摘方法

1. 手工采摘

手工采摘是名优茶产区采用的采摘方法。名优茶手工采摘强调"早采勤采、应采全采"，从而达到早采早发的目的，并且只要每批次的应采芽叶都能按批次及时采摘干净，就能在整个茶季都待续保持发芽整齐，极大提高采摘工效和优质茶产量。手工采摘应注意用手指把茶嫩梢折断，而不能用指甲掐断，防止损伤细胞产生红变；其次，要用透气袋或篮子盛装茶叶，并自然放置茶叶，不用力紧压，防止发热变质。第三，采下的鲜叶要防止暴晒、紧压和雨淋，要及时送往加工厂，及时加工处理。

2. 机械采摘

推广适当的机械采茶是提高工效、降低成本的根本途径。机械采茶全年采摘 4~5 批，春茶标准新梢达 80%，夏秋茶标准新梢达 60% 时开采；一般春茶采摘 1~2 次，夏茶 1 次，秋茶 2~3 次。

采茶机有单人采茶机和双人采茶机两种，可根据当地茶园坡度和劳力情况等选用，一般一台单人采茶机可管理茶园 1.6 hm^2 左右，一台双人采茶机可管理茶园 5.3 hm^2 左右。

第九节　茶树病虫草害防治（绿色防控技术）

茶叶有害生物绿色防控技术，遵循"预防为主，综合治理"植保方针，以及"公共植保，绿色植保，科学植保"理念，根据茶树病虫害发生特点，以生态调控为基础、理化诱控和生物防治为重点、科学用药相辅助控制茶树病虫草害为害的植物保护措施，促进茶叶安全生产，减少化学农药的使用量。

一、绿色防控技术措施

（一）生态调控

（1）换种改植或发展新茶园，应选用抗病虫（非转基因）品种和无毒茶苗并加强植物检疫，不得将当地尚未发生的危险性的病虫害随种苗带入或带出。

（2）茶园四周、主要道路两侧、沟渠两边种植行道树，茶园行间适当种植遮荫树，树种选择不落叶杉、棕、苦楝、桂花、景叶白兰和玉兰等，茶园周边和梯坎保留一定数量的杂草，丰富茶园植被。

（3）通过茶行间种茶肥 1 号等绿肥植物或其他经济作物，结合农事操作为茶园天敌提供栖息场所和迁徙条件，保护天敌种群多样性，发挥自然天敌的控害作用。

（4）种植万寿菊、三叶草等蜜源植物和诱集植物，培养天敌和诱集害虫。

（二）农业防治

（1）分批多次采茶，采除假眼小绿叶蝉、茶橙瘿螨、蚜虫、茶白星病等为害芽叶的病虫。

（2）通过修剪和台刈，剪除分布在茶丛中上部的蚧类、蓑蛾类、黑刺粉虱、螨类、白星病等病虫。

（3）秋末结合施基肥，进行茶园深耕，减少土壤中越冬的鳞翅目和象甲类、角胸叶甲害虫的数量；将茶树根际落叶和表土清理至行间深埋，防治病叶和在表土中越冬的害虫。

（三）理化诱控

1.人工捕杀

利用害虫的群聚性或假死性人工捕杀茶尺蠖、茶毛虫卵块和幼虫、茶丽纹象甲、茶角胸叶甲、茶蚕、茶蓑蛾等害虫；人工清除茶枝镰蛾等钻蛀性害虫为害的枯死枝条，清除虫源。

2.吸虫捕杀

采用负压吸虫器（吸虫机）收集茶小绿叶蝉、粉虱等茶园小型叶面害虫进行集中处理。

3.灯光诱杀

利用害虫的趋光性，在茶园安装太阳能杀虫灯，诱杀茶尺蠖、茶毛虫、小绿叶蝉等害虫，一般 1.5~2 hm^2 配 1 盏杀虫灯，灯离地面 1.5 m 左右。4 月下旬至 10 月底根据害虫发生规律每天傍晚开灯 6~8h。其余时间不开灯，减少对天敌的伤害。

4.色板诱杀

利用害虫对颜色的趋性，诱杀蚜虫、黑刺粉虱、小绿叶蝉、粉蚧、广翅蜡蝉、角胸叶甲等害虫。一般均匀插挂色板 20~25 块/亩，按东西向悬挂，高度接近茶树蓬面。根据害虫发生规律，在发生高峰前期进行悬挂。用于防治茶角胸叶甲时，色板设置于茶蓬面以下的效果最好。

5. 信息素诱杀和迷向法

利用昆虫性信息素和昆虫聚集信息素诱杀和干扰昆虫正常行为，诱杀茶尺蠖、茶毛虫、假眼小绿叶蝉等害虫，干扰昆虫正常交配（表3-3）。

表3-3 茶树主要害虫信息素产品/主要诱捕器及防治对象和使用方法

主要诱捕器	防治对象	使用说明
假眼小绿叶蝉信息素诱虫板	假眼小绿叶蝉	① 5~6月间，定时检查诱捕虫数；②诱虫板20~25套/亩每10~15天需要更换诱芯；诱捕虫数达一定量时要及时更换诱虫板；③黄板接近茶蓬面
茶毛虫性信息素配制船型诱捕器	茶毛虫	① 6月、8月、10月，诱捕茶毛虫成虫；5~10月诱捕茶尺蠖成虫；②由于性信息素的高度专一性，安装不同种害虫的诱芯，需要洗手，以免性信息素失效；③诱捕器所放的位置、高度、气流情况会影响诱捕效果；④定时检查诱捕虫数，配套诱虫板粘满虫时需更换；⑤诱捕器2~3套/亩，悬挂至高于茶叶顶部5~10 cm处，每20~30天更换一次诱芯，以外围密，中间稀的原则悬挂；⑥诱捕器可以重复使用；⑦一旦打开包装袋，应尽快使用完袋中诱芯
茶尺蠖性信素配制船型诱捕器	茶尺蠖	

说明事项：性信息素引诱的是成虫，所以诱捕应在低密度时开始。性信息素产品易挥发，需要冷冻在 -15℃~-5℃冰箱中。

（四）生物防治

（1）注意保护和利用当地茶园中的草蛉、瓢虫、蜘蛛、捕食螨、寄生蜂等有益生物，减少人为因素对天敌的伤害。

（2）人工释放天敌，释放胡瓜钝绥螨控制茶黄螨、茶跗线螨等螨害；释放赤眼蜂寄生茶尺蠖、茶毛虫等鳞翅目害虫卵块。

（3）可使用白僵菌、拟青霉、韦伯虫座孢菌、头孢霉等真菌制剂防治相应的角胸叶甲、象甲、小绿叶蝉等害虫。

（4）可使用苏云金杆菌、杀螟杆菌、青虫菌、短稳杆菌等细菌制剂防治茶尺蠖、茶毛虫、茶刺蛾等鳞翅目害虫。

（5）可使用茶尺蠖、茶毛虫等病毒制剂防治相应的茶尺蠖、茶毛虫等鳞翅目害虫。

（6）可使用苦参碱、鱼藤酮、藜芦碱、茶蝉净、雷公藤杀虫剂、楝素·烟碱、除虫菊、茶皂素等植物源农药防治茶尺蠖、茶毛虫和茶刺蛾、假眼小绿叶蝉、茶蚜、茶橙瘿螨等害虫。

（五）冬季封园

秋末时，可以使用矿物源农药和波美 0.5 度石硫合剂封园，并对茶丛中下部的叶背喷湿，防治假眼小绿叶蝉、黑刺粉虱、茶叶螨类和叶部病害等。

（六）科学用药

（1）通过系统观测掌握当地茶园主要病虫害（假眼小绿叶蝉、茶尺蠖、茶毛虫等）发生发展动态，及时发布病虫情报，确定防治时间，严格按制定的防治指标，抓住害虫的早、小和少的关键时期施药。

（2）病虫害大量发生需药物防治时，需按照茶园可使用的农药品种目录选取，暂未列入目录的农药需要专家或部门认可才允许使用，优先考虑使用生物源和矿物源农药，如微生物源农药、植物源农药和矿物源农药，尽量减少化学农药的使用。

（3）应低容量喷雾，选用 0.7 mm 小孔喷片，定向喷雾，一般蓬面害虫实行蓬面扫喷；茶丛中下部害虫建议侧位低容量喷雾；叶背取食和具有假死性害虫需侧位喷头朝上喷雾。做到"不查不打，先查后打，边查边打小孔点杀"。

（4）严禁在茶园中使用禁用农药。

（5）严格按照 GB4285、GB/T8321 的要求控制施药量与安全间隔期。

（6）出口茶园用药还应该参照目的地国家的农残标准。

二、绿色防控管理措施

（1）遵循"预防为主，综合治理"植保方针，以及"公共植保，绿色植保，科学植保"理念，综合运用生态调控、理化诱控、生物防治和科学用药

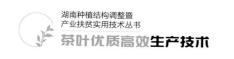
等技术措施，控制有害生物，将农药残留降低到标准允许的范围内。

（2）推荐在主产茶市县乡镇相应设立茶园用药专柜，管理部门根据专家意见设置相应用药推荐名录，专柜用药进入需要在资质的农药销售商采购，并加强对购进农药的验收管理。首次采购的农药必须经有效成分的检测，确认合格后方可推广使用。

（3）建议每个大型企业生产单元或茶叶专业村设立茶树植保员，主要负责茶树病虫害的防治及农药的使用管理，建立农药采购、入出库记录及使用记录档案，植保员需不定期参加业务学习和培训。

（4）大型企业生产单元的农药发放要根据不同时期病虫害发生情况，由植保员提出书面申请，农资管理部门审批后方可发放。

（5）农药由植保员领取后，按照农药使用标准规范和稀释表确定的稀释比例进行配制，并监督农药喷洒及器具清洗。

（6）施药后剩余的农药，由基地植保员负责退回基地农资管理部门，作统一处理。

三、湖南茶树病虫发生情况

（一）病虫种类

全省发现有茶树害虫250余种（害虫、害螨及其他有害动物共304种），病害110余种。

主要发生的病害虫种类有：假眼小绿叶蝉、茶尺蠖、茶毛虫、茶角胸叶甲、茶丽纹象甲、刺蛾类（茶刺蛾、扁刺蛾、丽绿刺蛾）、蓑蛾类（茶蓑蛾、褐蓑蛾、大蓑蛾）、茶芽粗腿象甲、茶橙瘿螨、茶蓟马、茶蚧壳虫（角蜡蚧、椰圆蚧、长白蚧）、茶蟓象（绿盲蝽、角盲蝽）、黑刺粉虱、茶蚜、茶蚕、茶枝蛀蛾、黑毒蛾、卷叶蛾、广翅蜡蝉、油桐尺蠖、白星病、茶饼病、茶炭疽病等。

（二）主要病虫害的发生特点

主要病虫种类虽多，但全省发生普遍、足以成灾的仍属少数。全省普遍成灾的病虫种类有：假眼小绿叶蝉、茶毛虫、茶尺蠖等。大多数茶区成灾的有：茶角胸叶甲、茶丽纹象甲、茶蚜、茶刺蛾、茶饼病等。局部茶区成灾的有：茶芽粗腿象甲、茶蓑蛾、角蜡蚧、茶叶瘿螨、茶橙瘿螨、茶蓟马、黑刺粉虱、茶黑毒蛾、广翅蜡蝉、绿盲蝽、白星病、烟霉病等。发生较普遍，造成一定灾害的有：茶细蛾、大蓑蛾、椰圆蚧、茶梨蚧、红蜡蚧、垫囊绿绵蜡蚧、蛇眼蚧、茶枝镰蛾、油桐尺蠖、卷叶蛾类、茶叶斑蛾、碧蛾蜡蝉、黑点扁刺蛾、短须螨、侧多食跗线螨。

（三）主要病虫发生规律和绿色防控措施

1. 假眼小绿叶蝉

为害症状：成、若虫刺吸茶树芽叶、嫩梢皮层汁液；叶缘黄化，叶尖卷曲，叶脉呈暗红色，严重时叶尖、叶缘呈红褐色焦枯状，芽梢生长缓慢甚至停滞（图3-14）。

发生特点：年生10代，卵产在嫩梢里。每年出现两个高峰，第一高峰在5月下旬至7月上旬，夏茶受害重；第二高峰在9~11月。该虫有趋嫩性，中午炎热不活动。

绿色防控措施：茶园内不间种豆类作物，发现杂草及时铲除；及时采茶，去除嫩梢上卵粒；在若虫期，用虫螨腈、鱼藤酮、藜芦碱、除虫菊、茶蝉净等；在湿度高的地区或季节，提倡喷洒每毫升含800万孢子的白僵菌。

图3-14 假眼小绿叶蝉为害状·

2. 黑刺粉虱

为害症状：成虫、若虫刺吸叶和嫩枝汁液。排泄蜜露可诱致煤污病发生，影响茶树光合作用（图3-15）。

发生特点：年生 4~5 代，第 1 代 4~6 月，第 2 代 6 月下旬至 7 月中旬，第 3 代 7 月中旬至 9 月上旬，第 4 代 10 月至翌年 2 月。若虫固定寄生，天敌多。

图 3-15　黑刺粉虱成虫为害状

绿色防控措施：黄板诱杀；早春发芽前，喷洒含油量 5% 的柴油乳剂或黏土柴油乳剂；药剂防治，1~2 龄若虫，使用绿颖矿物油。

3. 茶蚜

图 3-16　茶蚜为害状

为害症状：茶蚜聚集在新梢嫩叶叶背及嫩茎上刺吸汁液，可招致煤菌寄生。主要是在幼龄茶树和茶苗上（图 3-16）。

发生特点：年生 25 代以上。春茶前虫口以茶丛中上部嫩叶较多，繁殖速度快。

绿色防控措施：及时分批采摘。农药防治，使用绿颖矿物油。

4. 长白蚧

为害症状：以若虫、雌成虫刺吸茶树汁液，致受害茶园树势衰弱，严重时落叶，连片死亡。是茶树上毁灭性害虫（图 3-17）。

发生特点：年生 3 代。第 1 代、第 2 代、第 3 代若虫孵化盛期主要在 5 月中下旬至 7 月中下旬和 9 月上旬至 10 月上旬。

绿色防控措施：苗木检验。新茶园严禁带入；剪除或台刈虫枝；保护天敌，台刈或修剪下来的虫枝，待寄生蜂羽化后再烧毁；化学防治，①可用合成洗衣粉 100~200 倍液或棉油皂 50 倍液；② 10% 的柴油乳剂；③绿颖矿物油。

图 3-17　长白蚧为害状

5. 角蜡蚧

为害症状：若虫和雌成虫刺吸枝、叶汁液，排泄蜜露常诱致煤污病发生，削弱树势，重者枝条枯死（图 3-18）。

发生特点：年生 1 代。6 月产卵于树下，卵期约 1 周。初孵若虫雌多于枝上固着为害，雄多到叶上主脉两侧群集为害。

绿色防控措施：同"长白蚧"。

图 3-18　角蜡蚧为害状

6. 椰圆蚧

图 3-19　椰圆蚧为害状

7. 茶橙瘿螨

为害症状：以成、若螨刺吸嫩叶或成叶汁液，致叶背产生红褐色锈斑或叶脉变黄，芽叶萎缩，严重的枝叶干枯，呈现铜红色，似火烧状（图 3-20）。

发生特点：年生 20~30 代，翌年 3 月、11 月、12 月每月生 1 代，4 月、10 月每月生 2 代，5 月、9 月各 3 代，6 月、8 月各 4 代，暴雨常抑制该虫发生。

为害症状：该虫群栖于叶背或枝梢上，叶片正面亦有雄虫和若虫固着刺吸汁液，新梢生长停滞或枯死，落叶（图 3-19）。

发生特点：年生 3 代。各代孵化盛期：4 月底至 5 月初，7 月中下旬，9 月底至 10 月初。固着为害。

绿色防控措施：同"角蜡蚧"。

图 3-20　茶橙瘿螨为害状

绿色防控措施：及时分批多次采摘；采摘茶园可不单独防治；可用绿颖矿物油；非采摘茶园秋季结束后，可喷洒波美 0.4 度石硫合剂，浓度不宜过高，否则会引起落叶。

8. 灰茶尺蠖

为害症状：幼虫咬食叶片成弧形缺刻，严重发生的叶片全部被吃光。7~9 月夏秋茶期间受害重。是我国茶树主要害虫之一。很易暴发成灾（图 3-21）。

发生特点：年生 6~7 代，4 月初第 1 代幼虫始发。第 2 代于 5 月下旬 ~6 月上旬发生，以后约每隔 1 个月生 1 代，10 月后入土化蛹越冬。2 龄前聚集发生，3 龄分散。

绿色防控措施：秋冬季深耕施基肥进行灭蛹；人工捕杀；药剂防治，第 1、第 2 代防治是关键，抓住 2 龄前的发虫中心。① Bt 乳剂

图 3-21 灰茶尺蠖为害状

800 倍；②茶尺蠖病毒；③ 0.6% 清源保（苦参碱），北京清源保；④短稳杆菌；⑤虫螨腈（溴虫腈，除尽，帕力特），巴斯夫；⑥茚虫威（凯恩、安打）每亩 12~18 ml，稀释 2500~3500 倍。

9. 茶毛虫

为害症状：幼虫咬食茶树叶片，食量大。同时，茶毛虫幼虫、成虫体上均具毒毛、鳞片，触及人体皮肤后红肿痛痒，影响农事操作（图 3-22）。

发生特点：年生 3~4 代。各代幼虫为害期分别为 4~5 月、6~7 月、8~10 月、11 月。1~2 龄群集性最强，聚集叶背取食，使叶片枯黄成半透明薄膜状。

绿色防控措施：灯光诱蛾，在成虫羽化期，每晚 7~11 时进行诱杀；冬季人工摘除卵块；性诱剂诱杀，利用性激素引诱雄虫飞来而捕杀之；药剂防治：①苦参碱，② Bt 乳剂 800 倍，③茶毛虫病毒制剂，④虫螨腈，⑤ 2.5% 鱼藤酮，⑥茚虫威，⑦肥皂水，⑧短稳杆菌。

图 3-22 茶毛虫为害状

10. 黑毒蛾

为害症状：幼虫咀食茶树叶片成缺刻或孔洞，严重时把叶片、嫩梢食光。幼虫毒毛触及人体引致红肿痛痒。初孵幼虫群集老叶背面取食叶肉，2龄后分散，喜在黄昏或清晨为害（图3-23）。

图3-23　黑毒蛾为害状

发生特点：年生4代，第1代3月下旬至4月上旬孵化。第2、第3、第4代幼虫分别发生在6月、7月中旬至8月中旬、8月下旬至9月下旬。幼虫共5龄。

绿色防控措施：灯光诱蛾；药剂防治：①苦参碱，② Bt乳剂800倍，③ 2.5% 鱼藤酮，④虫螨腈，⑤茚虫威。

11. 茶刺蛾

为害症状：幼虫栖居叶背取食，初期留下枯黄半透膜，中龄以后咬食叶片成缺刻，常从叶尖向叶基锯食，留下平宜如刀切的半截叶片。幼虫多食性（如图3-24）。

发生特点：年生3代，分别在5月下旬至6月上旬，7月中、下旬和9月中、下旬盛发。可致人刺痒难忍。用肥皂水或碱液清洁伤口，最后涂上风油精。

绿色防控措施：冬季进行茶园深耕；灯光诱杀成虫；低龄幼虫时喷施Bt制剂，梅雨季节收集罹病虫体，再喷施到田间。药剂防治：虫螨腈，2.5% 鱼藤酮，苦参碱等。

图3-24　茶刺蛾为害状

12. 扁刺蛾

为害症状：扁刺蛾以幼虫取食叶片为害，发生严重时，可将寄主叶片吃光，造成严重减产。

发生特点：年生 2 代。第 1 代 5 月中旬至 8 月底，第 2 代 7 月中旬至 9 月底。少数的第 3 代始于 9 月初至 10 月底。老熟后即下树入土结茧。

绿色防控措施：冬耕灭虫。扪杀越冬虫茧；生物防治，可喷施每毫升 0.5 亿个孢子青虫菌菌液；化学防治，同"茶刺蛾"。

13. 丽绿刺蛾

为害症状：幼虫食害叶片，低龄幼虫取食表皮或叶肉，致叶片呈半透明枯黄色斑块。大龄幼虫食叶呈较平直缺刻，严重的把叶片全部吃光，影响茶树生长和茶叶质量、产量（图 3-25）。

发生特点：年生 2 代，第 1 代幼虫为害期为 6 月中旬至 7 月下旬，第 2 代为 8 月中旬至 9 月下旬。

图 3-25 丽绿刺蛾为害状

绿色防控措施：人工防治，幼虫群集为害期人工捕杀；黑光灯防治，利用黑光灯诱杀成虫；生物防治，秋冬季摘虫茧，放入纱笼，保护和引放寄生蜂；用每克含 100 亿孢子的白僵菌粉 0.5~1 kg，在雨湿条件下防治 1~2 龄幼虫；药剂防治，同"扁刺蛾"。

14. 茶蓑蛾

为害症状：幼虫在护囊中咬食叶片、嫩梢或剥食枝干、果实皮层，造成局部茶丛光秃。该虫喜集中为害（图 3-26）。

发生特点：年生 1~2 代，第 1 代幼虫于 6~8 月发生，7~8 月为害最重。

图 3-26 茶蓑蛾为害状

第 2 代幼虫在 9 月出现，冬前为害较轻。

绿色防控措施：发现虫囊及时摘除，集中烧毁；掌握在幼虫低龄盛期喷洒 90% 晶体敌百虫 800 倍液、虫螨腈；提倡喷洒每毫升含 1 亿活孢子的杀螟杆菌或青虫菌进行生物防治。

15. 褐蓑蛾

为害症状：幼虫在护囊中咬食叶片、嫩梢或剥食枝干、果实皮层，造成局部茶丛光秃。该虫喜集中为害（图 3-27）。

发生特点：年生 1 代，7 月出现当年幼虫。

绿色防控措施：同"茶蓑蛾"。

图 3-27　褐蓑蛾为害状

16. 大蓑蛾

为害症状：幼虫在护囊中咬食叶片、嫩梢或剥食枝干、果实皮层，造成局部茶丛光秃。该虫喜集中为害。除外皮可炒熟后食用（如图 3-28）。

发生特点：年生 1~2 代，第 1 代幼虫于 6~8 月发生，7~8 月为害最重。第 2 代的幼虫在 9 月间出现，冬前为害较轻。

绿色防控措施：同"褐蓑蛾"。

17. 茶丽纹象甲

为害症状：成虫聚集咀食嫩叶，

图 3-28　大蓑蛾为害状

猖獗发生时严重影响茶叶产量和品质。

发生特点：年生 1 代，成虫具假死习性，受惊后即坠落地面。成虫产卵盛期在 6 月下旬至 7 月上旬（图 3-29）。

绿色防控措施：耕作在 7~8 月间进行茶园耕锄、浅翻及秋末施基肥、深翻，防效可达 50%，免于施药防治；人工捕杀，在成虫发生高峰期用振落法捕杀成虫；生物防治，可喷施白僵菌871菌拌土撒施；化学防治，在成虫出土盛末期，低容量蓬面喷雾2.5%联苯菊酯乳油1500倍液、虫螨腈等。

18. 茶角胸叶甲

为害症状：成虫聚集咀食嫩叶，猖獗发生时严重影响茶叶产量和品质（图3-30）。

图3-29 茶丽纹象甲为害状

图3-30 茶角胸叶甲为害状

绿色防控措施：同"大蓑蛾"。

19. 茶枝镰蛾

为害症状：幼虫从上向下蛀食枝干，致茶枝中空、枝梢萎凋，日久干枯，大枝也常整枝枯死或折断（图3-31）。

发生特点：年生1代，6月下旬幼虫盛发，8月上旬后开始见到枯梢。

绿色防控措施：剪除虫枝，7~8月发现细枝枯萎应立即摘除，少用药

发生特点：年生1代，以幼虫在土中越冬。湖南于4月上旬越冬幼虫开始化蛹，5月上旬成虫羽化，5月中旬~6月中旬成虫为害盛期，6月下旬开始减少，5月下旬开始产卵，7月上旬开始孵化，再以幼虫越冬。该虫卵期约14天，幼虫期280~300天，蛹期15天，成虫期40~60天。

图3-31 茶枝镰蛾为害状

剂防治；灯光诱杀。

20. 白星病

为害症状：主要为害芽叶和新叶。嫩梢及叶柄受害后产生暗褐色斑点，后变为灰白色，圆形或椭圆形，直径 0.8~2 mm，发生多时常互相并合，使病部以上组织枯死（图 3-32）。

发生特点：一般以高山茶园发生较重。发病适温为 16℃~24℃，在适温多雨高湿条件下，特别是冷凉和雾大露重的高山茶园往往发病较重。茶园管理粗放，土壤瘠薄，少施肥料，或采摘过度且树势衰弱发病都较重。

绿色防控措施：合理采摘，应分批、及时采茶，避免采摘过度；土壤瘠薄的茶园逐年深翻改土，增施有机质肥，实行配方施肥，适当增施磷钾肥，适时喷施叶面营养剂，增强抗逆力；以春梢为重点，抓好喷药保梢工作。在春茶萌芽期，喷施 75% 百菌清 +70% 托布津（1：1）1500 倍液 1 次，对 2~3 年生的幼龄茶树隔 7~10 天再喷 1 次。

图 3-32　白星病为害状

21. 茶饼病

为害症状：主要为害嫩叶、嫩茎、新梢。嫩叶染病初现淡黄色至红棕色半透明小斑点，后扩展成直径 0.3~1.25 cm 圆形斑，病斑正面凹陷，浅黄褐色至暗红色，背面凸起，呈馒头状疱斑，其上具灰白色或粉红色或灰色粉末状物，后期粉末消失，凸起部分萎缩形成褐色枯斑，四周边缘具一灰白色圈，似饼状，故称茶饼病（图3-33）。

发生特点：在高山茶区3~5月、9~10月发生，茶园日照少，雨露持续时间长，雾多，湿度大易发病。偏施、过施氮肥，采摘、修剪过度，管理粗放，杂草多发病重。

图 3-33　茶饼病为害状

绿色防控措施：进行检疫；多用堆肥或生物有机肥，增施磷钾肥，增强树势；及时分批采茶，适时修剪和台刈，使新梢抽出期避开发病盛期，减少染病机会；使用绿颖矿物油防治；春茶后，喷洒 90% 甲基托布津可湿性粉剂 1000 倍液。隔 7~10 天 1 次，连续防治 2~3 次。非采茶期和非采摘茶园可用 0.3% 的硫酸铜液或 0.6%~0.7% 石灰半量式波尔多液等药剂进行预防。

四、茶园草害绿色防控技术

茶园草害主要发生在幼龄茶园，特别是一年生新茶园。草害的绿色防控技术主要是采用物理方法或生物方法，一是在幼龄茶园行间种植绿肥（夏季种茶肥 1 号，冬季种油菜等绿肥）；二是覆盖可降解黑色薄膜；三是茶园铺草覆盖（如稻草、杂草、修剪叶等）；四是使用经过有机认证的矿物源农药和生物农药，如艾迪达；五是人工除草，一般在春茶前 2 月下旬至 3 月上旬、5 月下旬和 9 月上中旬除草；六是机械除草，割草机、耕作机中耕除草。

第四章
茶叶加工

第一节　茶叶分类及加工条件

　　中国茶叶自六大茶类工艺产生以来，形成数百种乃至上千个花色品种，为了便于人们清晰地认识茶产品，以茶叶的制作方法为基础，结合茶叶品质特征和特性，建立一个系统、科学的茶叶分类体系。以茶多酚氧化程度为序把初制茶分为绿茶、黄茶、黑茶、青茶、白茶、红茶共六大茶类，初加工茶类经过再加工称为再加工茶类，又可以分为花茶类、紧压茶类、茶食品类、茶酒类、茶粉类、保健茶类等，这种分类方法已经为国内外茶叶科技工作者共同接受。

一、茶叶分类

表 4-1　六大茶类加工工艺及品质要求对照表

茶类	工序	品质要求
绿茶	杀青—揉捻—干燥	清汤绿叶
红茶	萎凋—揉捻—发酵—干燥	红汤红叶
黄茶	杀青—揉捻—闷黄—干燥	黄汤黄叶
白茶	萎凋—干燥	素色银白、绿装素裹
青茶（乌龙茶）	晒青—做青—杀青—揉捻—干燥	香气浓郁、叶底绿叶红镶边
黑茶	杀青—揉捻—渥堆—复揉—干燥	成品茶色泽黑褐色、滋味平和

二、鲜叶要求

（一）嫩度

生产不同种类、不同等级的茶对原料的嫩度要求是不一样的，如银针用芽头，也有一些极品毛尖用芽头制作；高档毛尖用一芽一叶初展（或一芽一叶，长 2.5 cm 以内）；中档毛尖一般为一芽一叶开展及一芽二叶（长 4 cm 以内）。但每个企业都应根据自己的市场定位和产品定位确定原料嫩度，茶叶原料并不是越嫩越好，太嫩的原料（如芽头），不但成本高，产量低，难成规模，内含物质也不丰富，滋味、香气较淡。当然芽头茶因其观赏性较好也有特定的市场；确定原料嫩度时，既要确定芽叶伸展程度（如一芽一叶、一芽二叶），还要确定芽叶长度，因为同样的伸展程度，其长度不同老嫩度悬殊，对茶叶品质影响也很大。

（二）鲜度

原料鲜度是指鲜叶采下后进厂时的新鲜程度，采茶时要用透气性篮子或竹筐盛装，不要用不透气的塑料袋盛装，更不能密封，以防鲜叶在袋内发热变红，并要分批及时送到加工厂加工制作。

（三）匀度和净度

茶叶原料嫩度要一致，净度要好，这一点在生产实践中往往很难办到，茶鲜叶长短不一，大小不一，有的带鱼叶、老梗、老叶。解决的办法：一是提高采茶人员工资并严格执行标准；二是采用鲜叶分级机分级。

（四）品种

不同品种的适制性是不一样的，要根据品种的特性加工产品，如碧香早、白毫早适做绿茶，槠叶齐红、绿茶兼制，品种不当将无法弥补。

三、茶叶加工场所基本要求

（一）环境条件

加工场所应选择地势干燥，交通方便的地方。远离排放"三废"、粉尘、有害气体、放射性物质和其他扩散性污染源，水源清洁、充足。离开经常喷洒农药的农田 100 m 以上，离开交通主干道 20 m 以上。生产区坑式厕所应

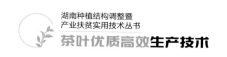
距厂区 25 m 以上（厂区车间外可设冲水厕所，并配置洗手、干手设施，保持清洁卫生）。

（二）厂区布局

厂区应根据加工要求合理布局，生产区与生活区隔离。建筑应符合工业或民用建筑要求。厂区应整洁、干净、无异味。道路应铺设硬质路面，排水系统通畅，地面无积水，厂区应绿化。厂房和设备布局应与工艺流程和生产规模相适应，能满足生产工艺、质量和卫生的要求。加工场所应根据当地地理位置选择合理的朝向。锅炉房、厕所应处于生产车间的下风口。

（三）生产车间

初制生产车间应符合 SC 认证要求，一般由贮青间、加工间、包装间等组成，面积应与加工产品种类、数量相适应，地面应坚固、平整、光洁，便于清洁和清洗，有良好的排水系统；车间层高不低于 4 m，照明以不改变茶叶在制品的本色为宜，宜装置日光灯，光照度达到 500lx 以上。车间应通风、除尘良好。初制车间要多开门窗，精制车间则少开门多开窗。开的门窗面积以占门窗所在墙的总面积 35%～40% 为宜。车间墙壁应涂刷浅色无毒涂料或油漆。宜用白色瓷砖砌成 1.5 m 高的墙裙。车间门、窗安装纱门、纱窗或其他防蚊蝇设施。车间出口及与外界相连的排水、通风处装有防鼠、防蝇、防虫设施。贮青间应独立设置，贮青车间面积按大宗茶鲜叶堆放厚度不超过 30 cm（或按每 100 kg 鲜叶需 6～8 m²）标准确定，设备贮青按设备作业效率确定。初、精制加工车间面积（不含辅助用房）应分别不少于设备占地总面积的 8 倍和 10 倍。杀青和干燥车间安装足够能力的排湿、排气设备。加工设备的各种炉火门不得直接开向车间，燃料及残渣应设有专门存放处，有压锅炉另设锅炉间。燃油设备的油箱、燃气设备的钢瓶和锅炉等易燃易爆设施与加工车间至少留有 3 m 的安全距离。机械包装车间面积应不少于设备占地面积的 8 倍。手工包装 10 人以内按每人 4 m² 确定车间面积，10 人以上人均面积可酌减。加工厂应有足够面积的原料、辅料、半成品和成品仓库。茶叶成品仓库应设在干燥处，地面垫板高度不得低于 15 cm，并有防潮、防霉、防蝇、防虫和防鼠设施。成品仓库面积按 250~300kg/ m² 计算确定。宜使用冷藏库贮存茶叶，保存温度 4℃左右。

（四）加工设备

直接接触茶叶的设备和用具应用无毒、无异味、不污染茶叶的材料制成。不宜使用铅及铅锑合金、铅青铜、锰黄铜、铅黄铜、铸铝及铝合金材料制造接触茶叶的加工零部件，允许使用竹子、藤条、无异味木材等天然材料和不锈钢、食品级塑料制成的器具和工具。使用前，新设备必须清除表面的防锈油，旧设备进行机械除锈。每个茶季开始和结束，应对加工设备进行清洁和保养。定期润滑零部件，每次加油应适量，不得外溢。

（五）卫生设施与管理

车间进口处应设更衣室，配备足够数量的洗手、消毒、杀菌、干手设备或用品。有相应的盥洗、防蝇、防鼠、防蟑螂、污水排放、存放垃圾和废弃物的设施。与茶叶接触的物品与场地应符合食品卫生要求，禁止与有毒、有害、有异味、易污染物品接触，在加工、包装、贮存过程中，避免茶叶与地面直接接触。非加工茶叶用的物品不得放在加工车间内。加工废弃物应妥善处理，不污染环境。加工厂应制定相应的卫生管理制度，并明示。加工厂应按要求记录、保存各项原始记录。

（六）加工人员要求

加工人员上岗前要进行制茶技术和卫生知识的培训，进入车间人员应拥有健康证，进入车间时应着工作装、戴工作帽、净手、换鞋。加工及有关人员应保持良好的个人卫生，禁止在车间内吃食物、吸烟和随地吐痰。

第二节　六大茶类加工工艺

一、名优绿茶加工

当前名优绿茶品质发展趋势是：香高味醇（最好有自然花香）和"三绿"

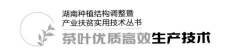

（干茶色泽绿、汤色绿和叶底绿）。工艺流程：鲜叶—摊放—杀青—清风、摊凉—初揉—初干—摊凉—复揉—手工辅助整形、提毫—摊凉—足干提香。

（一）鲜叶摊放

目的：一是散发部分水分，使叶质变软，便于后续加工；二是促使内含物有效转化，增加氨基酸、芳香物质和可溶物含量。

摊放操作：将鲜叶均匀薄摊于大篾盘、竹晒垫或摊青槽内。摊于篾盘、竹晒垫上，厚度不超过 3 cm；摊于摊青槽内，厚度不超过 5 cm；装叶、下叶操作要求轻巧，避免损伤芽叶，中途翻叶 1~2 次。

摊放时间：一般春茶 6~8 h，秋茶 4~6 h，雨、露水叶相对延长 8~12 h；采用摊青槽吹送冷风，一般鲜叶 2~4 h，雨、露水叶 4~6 h；鼓风采用间歇鼓风方式，鼓风 30~60 min，停 60 min。

摊放程度：经摊放的鲜叶含水量控制在 70%~72%，手握鲜叶略带柔软感，叶色嫩绿失去光泽，无损伤、堆沤、红变等现象。摊青有利于叶内蛋白质、糖类物质水解，增加氨基酸和可溶物含量，从而提高成茶香气和滋味品质。有些茶厂没有这一工序，建议添置一台摊青槽，鲜叶摊青后既有利于提高茶叶品质，又便于后续加工，如雨水叶摊青后杀青时就不易粘锅烧茶，揉捻时又不会造成茶汁溢出而影响成茶外形色泽与香味。

（二）杀青

目的：①钝化多酚氧化酶活性，防止变红；②散发部分水分，使叶子变软，便于揉捻成条；③挥发青草气，产生清香。

机械：名优茶杀青一般采用 40 型或 50 型滚筒杀青机。

温度：杀青机投叶端 20 cm 处内壁温度 230℃左右（红外线检测仪测温），或投叶端 20 cm 处筒内空气温度 130℃左右。

时间：40 型 90 s 左右，50 型 110 s 左右。

操作：先开炉升火，当炉火燃烧旺盛后，启动杀青机预热至筒温达到 220℃~230℃投叶温度，保持火温基本稳定即开始投叶，投叶速度和投叶量要求均匀，每分钟投叶 45~50 次。

程度：杀青叶含水量 62% 左右。叶色暗绿，叶边缘略卷缩；手握芽叶柔软如绵，嫩茎折而不断；鼻闻透发清香。

（三）清风、摊凉

清风的目的：一是使杀青叶尽快散热摊凉；二是去掉茶叶的一些老叶、单片和鱼叶等杂质。其做法一般是先在杀青机出茶口安装一台排风扇，利用风力散热和去除杂质，将杀青叶均匀薄摊于小篾盘或晒垫上散热，厚度不超过 1 cm，迅速降温 15 min 左右，使杀青叶余热散失。这一工序看似简单，但对茶叶保绿很关键。

（四）初揉

机械：35 型或 40 型揉捻机。

投叶量：根据选择的揉捻机型号确定，不加压以装平揉桶上沿为宜，勿紧压多装或少装。

时间：15~20 min。

操作：将揉桶盖旋转至接触茶叶，启动揉捻机揉捻 3~5 min，再加以轻压（旋转桶盖控制盘 3~5 圈），揉捻 8~10 min，最后松压揉捻 4~5 min，加压掌握轻—重—轻原则。揉捻适度的茶叶下机后，及时用双手搓散茶叶坨块，随时进入下一道工序，不宜久置。

程度：茶叶基本卷曲成条，有少量茶汁溢出黏附叶的表面，不出现短碎茶条和碎末为适度。

（五）初干

初干的目的：一是散发水分，固定茶叶形状和品质；二是发展香气。

机械：五斗烘焙机或平台烘焙机。

温度：110℃~130℃，烘干过程中保持火温基本稳定。

时间：5~8 min。

操作：开炉升火，启动鼓风机，待炉火燃烧旺盛后，启动烘干机预热，达到初干温度要求，开始投放揉捻叶。摊叶要求均匀，不能太厚，配合手工及时翻叶。

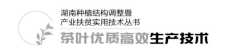

程度：手握茶坯不粘手、略有刺手感，茶叶含水量 45%～50%。

（六）复揉

复揉加压原则应掌握"轻—重—轻"，时间 10～20 min，单芽茶与一芽一叶高档毛尖一般不复揉，采用手工辅助整型做条，即我们平时所讲的"半机械半手工工艺"。

（七）手工辅助整形、提毫

设备：炒茶锅、五斗烘焙机、整形平台或者理条机。

投叶量：炒茶锅每锅投入茶坯 0.4～0.5 kg，整形平台每平台投叶 5～8 kg。

温度：60℃～80℃。

时间：10～15 min。

操作：当温度达到 80℃左右时投放茶叶，先翻炒茶叶充分预热，继而理条、做条、整形，待茶叶七八成干手握茶叶有较强的刺手感时，开始提毫；双手大把握茶，用活力使茶叶在手掌内搓揉转动相互摩擦，在力的作用下，促使茶叶白毫显露。

程度：茶叶外形条索紧结卷曲、匀整，色泽翠绿，白毫显露，香气透发。

（八）摊凉

时间：30～40 min。

操作：将出锅后的茶叶均匀薄摊于篾盘中，厚度不超过 20 cm。

（九）足干提香

将摊凉的茶叶逐层放入提香机，温度 80℃～90℃，时间 40～60 min，足干至茶叶含水量 5% 以内，手捏茶叶成粉末，然后下机迅速摊凉，至室温时，及时包装密封入库。

技术要点：严格标准、适度摊放、杀匀杀透、及时摊凉、初揉要轻、掌握火功、干足干透。

表 4-2 可选择使用的加工机械

机械名称	型号	台时产量（千克鲜叶/时）	参考价（元/台）
鲜叶分级机	6 CFJ-70 型	150~200	普通型 2200 不锈钢 3500
滚筒式杀青机	6 CS-40 型	60~80	5700
	6 CS-50 型	80~100	12000
	6 CS-60 型	120~150	17000
揉捻机	6 CR-35 型	35~40	4800
	6 CR-40 型	80~100	5500
解块机	6 CJ-40 型	400~500	1350
振动理条机	6 CLZ-60/8 型	10	6500
	6 CLZ-60/11 型	20	6500
自动烘干机	6 CH-6 型	25~35	26000
	6 CH-10 型	40~60	32000
电炒锅	6 CG -65 型		300

注：此参考价为浙江上洋茶叶机械厂提供。

表 4-3 加工机械配套

日产干茶 50 kg				日产干茶 200 kg			
设备名称	型号	数量（台）	备注	设备名称	型号	数量（台）	备注
鲜叶分级机	6 CFJ-70	1		鲜叶分级机	6 CFJ -70	1	
滚筒式杀青机	6 CS -50	1	选其一	滚筒式杀青机	6 CS -50	1	选其一
	6 CS -60	1			6 CS -60	1	
揉捻机	6 CR -35	1		揉捻机	6 CSR-35	1	
	6 CSR-40	1			6 CSR-40	2	
				解块机	60-40	1	
振动理条机	6 CLZ -60/8	1~2	加工直条形	振动理条机	6 CLZ -60/8	3~5	加工直条
	6 CLZ -60/11				6 CLZ -60/11		
自动烘干机	6 CH-6	1		自动烘干机	6 CH-10	2	
电炒锅	6 CG-65	8		电炒锅	6 CG-65	15~20	

表4-4　当前名优绿茶生产中的常见问题及改进措施

常见问题	改进措施
鲜叶不新鲜、不整齐，品种混杂	严格采摘标准，鲜叶大小要一致，改良品种，选择适宜的茶树品种原料，单独摊放、单独加工
片面追求嫩，单芽制茶，成本高，规模小，销量有限	改变做茶误区，茶叶非越"嫩"越好
片面追求"绿"，造成干茶碎末多，条索松散	不要为片面追求"绿"或赶进度而采取高温、大风、快速的加工方式
干茶水分含量高，不耐贮藏	严格按照工艺技术要求加工，足干至茶叶含水量5%以内
成茶保管不当，产品变质	采取有效贮存保鲜措施，确保产品质量，干透、密封、低温、避光、脱氧
内质存在烟、焦、黄和高火香	茶叶杀青温度过高，摊放不及时，烘干温度过高
中低档毛尖黄片、鱼叶、杂质多，净度差	鲜叶采摘要标准，净度要好，不带鱼叶、单片、老叶等
产品没特色，大同小异，有的完全相同，只是取名不同	创制自己的特色优势产品

二、炒青绿茶加工

工艺流程：摊青—杀青（红外测温前端220℃~240℃）—清风—初揉（20~25 min）—初烘（120℃~140℃）—摊凉—复揉（20~30 min）—初炒（30 min）—复炒（40~60 min）—摊凉—包装入库。

（一）摊青

鲜叶采回后摊放到摊青槽上，厚度10~15 cm，自然蒸发水分，根据需要开关鼓风机，中途翻叶2~3次。控制到叶沿微卷，茶叶含水量为70%左右，时间一般为6~8 h（或鼓风2~3 h）。

（二）杀青

炒青绿茶由于鲜叶原料比较粗老，杀青一般采用50型或60型滚筒杀青机，当滚筒前段红外测温达到220℃~240℃（手感烫手）时，开始投叶，投叶速度一般为1.2~1.5 kg/min，杀青时间为120 s左右。

（三）清风

同"一、名优绿茶加工"中"（3）清风、摊凉"。

（四）初揉

炒青绿茶揉捻一般选用 55 型揉捻机，投叶量以不加压时 2/3 揉桶至满盖为宜，揉捻时间 20~25 min，加压原则"轻—重—轻"。

（五）初烘

选用连续翻板烘干机，温度 120℃左右，薄摊至室温。

（六）复揉

复揉加压原则应掌握"轻—重—轻"，时间 20~30 min，解块。

（七）初炒、复炒

采用瓶式炒干机将炒青绿茶炒干，初炒时间约 30 min，摊凉至室温；复炒时间 40~60 min，足干至茶叶含水量 5% 以内，手捏茶叶成粉末，然后下机迅速摊凉，至室温时，及时包装密封入库。

三、直条型毛尖绿茶加工

工艺流程：鲜叶摊放—杀青—清风、摊凉—揉捻—振动理条—初干—摊凉—足干。

（一）鲜叶摊放

同"一、名优绿茶加工"中"（1）鲜叶摊放"。

（二）杀青

同"一、名优绿茶加工"中"（2）杀青"。

（三）清风、摊凉

同"一、名优绿茶加工"中"（3）清风、摊凉"。

（四）初揉

同"一、名优绿茶加工"中"（4）初揉"。

（五）振动理条

（1）机械：振动理条机。

（2）槽温：90℃~100℃。

（3）投叶量：根据选择机械型号确定。

（4）时间：约 10 min/次。

（5）操作方法：开炉升火，待炉火旺盛后，启动茶机预热，当茶机槽温升至理条温度要求时开始投叶，并保持火温基本稳定。

（6）程度：茶叶外形呈直条状，手握茶条有明显刺手感。

（六）摊凉

同"一、名优绿茶加工"中"（8）摊凉"。

（七）足干

同"一、名优绿茶加工"中"（9）足干提香"。

四、高档红条茶加工

品质特征：高档红条茶要求条索细紧、匀齐、色泽乌润，香气浓郁，滋味醇和而甘浓，汤色，叶底红艳明亮。

（一）原料

单芽、一芽一叶、一芽二叶初展；嫩、鲜、匀、净，注意品种适制性。

（二）加工设备

萎凋槽、揉捻机、解块筛分机、发酵设备、烘干机。

（三）加工工艺

工艺流程：萎凋—揉捻—发酵—干燥。

1. 萎凋

目的：一是散发部分水分，使叶质变软，便于揉捻成条；二是促进内含物质转化，增进茶叶品质；三是提高酶活性，促进多酚类物质部分氧化。

鲜叶摊于萎凋槽内，厚度 3~5 cm，夏秋季鼓冷风，春季鼓热风（温度 30℃左右），间断鼓风，一般鼓风 1~2 h 停止 1 h。时间 8~16 h（根据含水量定），中途轻翻 2~3 次；水分 58%~60%，叶质柔软，叶色暗绿，绝大部分梗折而不断，易成条，有清香为萎凋适度。

2. 揉捻

目的：一是使茶叶转紧成条，形成特定的外形；二是破损叶细胞膜，使茶叶内含物移动相互混合产生反应，促进发酵；同时，有利于茶叶冲泡，增加茶汤深度。采用 45 型或 55 型揉捻机，自然装满桶的位置，揉时为 60~90 min，其压力掌握方法为：不加压（10~15 min）—轻压（25~35 min）—中压（20~30 min）—松压（5~10 min）。揉捻适度以条索紧结，茶汁外溢黏附茶条表面，并发出浓烈的青草气味，局部揉捻叶泛红为适宜。

3. 发酵

红茶发酵是在多酚氧化酶为主体的催化下，利用空气中的氧在一定的温度、湿度条件下催化多酚类物质进行一系列氧化变化，产生一些红色或黄色产物，同时带动叶绿色发生系列反应变成黑褐色脱镁叶绿素，从而形成红茶的独特品质。发酵的目的：一是增强酶活性，促进多酚类等系列物质进行酶性氧化，使茶叶变红；二是减少青气，形成甜香或果香；三是改进茶汤滋味，减少苦涩味。温度：发酵室温度应控制在 26℃~30℃为适宜；春季气温低、酶活性低，可采用变温发酵，先 35℃~40℃发酵 1 h，再 28℃~30℃发酵 3~4 h；一般 1 h 左右翻叶 1 次。湿度：发酵室相对湿度应保持 85%~90% 为宜；时间：3~6 h，湖南小叶种原料加工红茶时可适当延长发酵时间；发酵室须有良好的通气，注意避免日光直射；发酵适度的特征是叶色基本上变为新铜红色，一般红中带黄，青草气消失，发出浓厚的苹果香气乃至桂花香气，叶脉及汁液泛红。

4. 干燥

采用自动烘干机进行，干燥次数为 2 次。毛火 120℃左右，时间 12 min 左右，厚度 2 cm，烘至七八成干；足火 80℃~90℃，时间 20 min 左右，厚度 3~5 cm；中间摊凉 50 min，含水量控制在 5%~6%，梗折即断，用手指捏茶条即成粉末，出烘摊凉至室温。

五、黑毛茶加工

（一）品质要求

干茶色泽黑褐油润、汤色橙黄（茶油色）、滋味平和（不苦涩）。

（二）加工工艺

工艺流程：鲜叶—杀青—揉捻—渥堆—复揉—干燥。

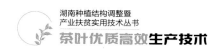
1. 鲜叶

一芽三四叶或相当嫩度的对夹叶，若鲜叶原料较粗老，水分不足，影响渥堆质量和效果，可以采用灌浆的方法，即按一定比例喷洒净水，一般掌握比例 10：1（鲜叶 10：净水 1）；嫩度好，水分含量高的鲜叶，视情况加水或不加水。

2. 杀青

滚筒杀青机温度 140℃～160℃，关闭抽风筒，保证有足够的水分；杀青程度控制，要求手折不断，老叶嫩杀（杀青偏轻，留足水分），嫩叶老杀（杀青偏重，充分散发水分）。

3. 揉捻

分初揉和复揉。初揉：掌握"轻—重—轻"，慢速、轻揉的原则，一般揉捻时间掌握 15 min 左右下机。

4. 渥堆

渥堆是黑毛茶的关键工序，是形成黑毛茶颜色、汤色、滋味和香气的特殊工艺，揉捻叶（茶坯）在湿热、酶促和微生物的作用下，使茶坯的内含物发生一系列变化，最终形成黑毛茶的品质特色。具体方法是：将揉捻叶（茶坯）堆放在干净的瓷砖地面或篾垫上，堆高控制在 1 m 左右，避光，堆上覆盖湿布，保持堆内有足够的水分和温度，发酵时间一般为 24 h，要因季节不同、温度不同掌控调节渥堆时间，堆温不超过 45℃，中途翻堆一次，以保证渥堆的均匀。渥堆掌控的标准为：茶坯由绿变黄，手握略有滑感，鼻嗅有酸辣味，就可以进入复揉工序了。

5. 复揉

复揉的目的是使茶坯进一步卷紧，形成泥鳅条，品质均匀。方法和初揉一样，轻揉慢速，在实际生产中也有干燥（日晒、烘焙）后复揉的，这样更能保持条索，但不能使茶坯水分过低，掌控在四五成干度。

6. 干燥

高档黑毛茶，传统上采用七星灶烘焙的方法，在一个特制的柴灶上用松柴烘焙，这种方法形成特殊的松香味，适合一些传统的消费者。黑毛茶的大量生产一般采用日晒，选择干净的篾垫，将复揉的茶叶分层撒上，直到足干。不管是七星灶还是日晒，首先，要注意卫生；其次，要分层撒茶，即在第一层没有足干前撒上第二层，依此类推，这种方法有利于黑毛茶干茶色泽黑褐油润。黑毛茶水分控制在 13% 左右就可以入库了。

六、黄茶加工

黄茶加工工艺：杀青—揉捻—闷黄—干燥等四道工序，其中"闷黄"是区别其他茶类的特殊工序，即在杀青后，或揉捻后或初烘后，趁热堆积，将茶坯闷堆渥黄。这一过程，也是形成黄茶品质的关键工序。黄茶的闷黄工艺安排有先有后，有的在杀青后闷黄如蒙顶黄芽，有的在揉捻后闷黄，如北港毛尖、鹿苑茶、广东大叶青、平阳黄汤、海马宫茶，有的在毛火后闷黄如君山银针。平阳黄汤第二次闷黄采用了边烘边闷的方法，成为"闷烘"。

君山银针品质特点及加工工艺：

（一）品质特点

君山银针是由不带叶片的单芽头加工而成。外形芽头壮实挺直，色泽浅黄光亮，满披银毫；内质香气清纯，滋味甜爽；汤色橙黄清澈，叶底嫩黄匀亮。冲泡后芽头竖立杯中，形似群笋出土，有的三起三落。

（二）加工工艺

工艺流程：分杀青—摊凉—初烘与摊放—初包—复烘与摊放—复包—足火—整理分级 8 道工序。

1. 原料

清明前 3~7 天采摘粗壮芽头，芽长 23~30 mm，宽 3~4 mm，芽柄长 2~3 mm，用手将芽头折断。

2. 杀青

锅温保持 130℃~100℃，先高后低，每锅炒芽头 0.5 kg，4~5 min。

3. 摊凉

及时除去热气和杂物。

4. 初烘

用小篾盘上糊两层皮纸薄摊芽头，50℃~60℃，每盘 250 g 左右，每隔 2~3 min 翻一次，至五六成干时下烘，摊凉 1 h。

5. 初包

用皮纸将茶包好，放置约 24 h，使茶芽变为金黄色。

6. 复烘

温度 45℃~40℃，每隔 5~6 min 翻一次，至九成干下烘。

7. 复包

将复烘后的茶叶再用皮纸包裹，放置 36 h 左右，使茶芽继续变黄。

8. 足火

温度约 35℃，烘至足干，下烘放置摊凉，再包装密封。

9. 整理分级

七、白茶加工

白茶分白毫银针、白牡丹、贡眉（寿眉）等，品质要求叶态松展自然，枝叶和芽上带银毫，叶色嫩绿或者黄绿，汤色清澈淡黄，带毫香，滋味鲜醇，耐冲泡，叶底匀整。其工艺流程以萎凋和干燥两道工序为主。

（一）采摘

白茶根据气温采摘玉白色一芽一叶初展鲜叶，做到早采、嫩采、勤采、净采。芽叶成朵，大小均匀，留柄要短。轻采轻放，竹篓盛装，竹筐贮运。

（二）萎凋

采摘鲜叶用竹匾及时摊放，厚度均匀，不可翻动。摊青后，根据气候条件和鲜叶等级，灵活选用室内自然萎凋、复式萎凋或加温萎凋。当茶叶达七八成干时，室内自然萎凋和复式萎凋都需进行并筛。

（三）烘干

分两次干燥。初烘：烘干机温度 110℃~130℃，时间：10 min；摊凉：15 min。复烘：温度 70℃~80℃；低温长烘 70℃左右，干茶含水分控制在 5% 以内，即可入库。

桑植白茶是在传统白茶基础上改进发展而来，产品根据原料嫩度分为风、花、雪、月4个等级，其工艺流程和参数如表4-5。

表4-5 桑植白茶工艺流程及参数

序号	工艺	等级				鲜叶含水量（%）	备注
		风	花	雪	月		
1	鲜叶	一芽三四叶（机采）	一芽二三叶（手采）	一芽一叶	芽头	75~78	农残快速检测仪、鲜叶分级机
2	萎凋	摊放厚度均匀水筛：5 cm 萎凋槽：5 cm 45 h左右	摊放厚度均匀水筛：2 cm 萎凋槽：2 cm 45 h左右	互不重叠 45 h左右	互不重叠 45 h左右	35~40	萎凋槽、萎凋网，篾箅或水筛等
3	摇青	中速15 min	低速10 min	纱网抖动40次或低速5 min	纱网抖动40次	35~40	摇青机、纱网
4	静置	薄摊2~4 h	薄摊2~4 h	薄摊2~4 h	薄摊2~4 h	25~30	萎凋槽、萎凋网，篾箅或水筛等
5	初烘	厚度：2~3 cm 温度：100℃~110℃ 时间：5 min	厚度：1~2 cm 温度：100℃~110℃ 时间：5 min	厚度：1~2 cm 温度：100℃~110℃ 时间：5 min	厚度：1~2 cm 温度：100℃~110℃ 时间：5 min	18~20	自动烘干机提香机
6	摊凉走水	1~2 h	1~2 h	1~2 h	0.5~1 h	18~20	摊凉平台
7	复烘	厚度：3~5 cm 温度：80℃~90℃ 时间：5 min	厚度：2~3 cm 温度：80℃~90℃ 时间：5 min	厚度：2~3 cm 温度：80℃~90℃ 时间：4 h	厚度：1~2 cm 温度：80℃~90℃ 时间：4 h	7~9	自动烘干机(风、花)提香机(雪、月)
8	焙火	—	—	—	温度：80℃ 厚度：1~2 cm 时间：1~2 h	5~7	风、花系列含水量为9%，雪系列含水量为7%。高档茶焙火提香

注：此表由余鹏辉、伍孝冬提供。

八、青茶（乌龙茶）加工

青茶（乌龙茶）加工工艺：晒青—做青—炒青—揉捻—烘干5道工序。乌龙茶属于半发酵茶，制工精细，以其特有的做青工艺，配合炒青、造型和别具一格的干燥，形成其独特的品质。其中"做青"是通过摇青与静置，控制鲜叶内多酚类化合物进行缓慢地酶性氧化，并在"凉青"和"包揉"过程，促进内含物的非酶性氧化，使其形成香气馥郁、滋味浓厚（或浓醇）、绿叶红边的独特品质风格。

表4-6　乌龙茶工艺流程及参数

序号	工艺流程	技术参数	茶机配置
1	晒青	每平方米0.5~1.5 kg，厚薄均匀，时间30~60 min，含水量达到68%，减重20%左右（相对鲜叶）下午3时后采摘最好	自选竹垫、布、水筛
2	晾青	晒青叶移入摊（做）青间，时1~1.5 h	
3	做青	温度21℃~27℃，湿度70%~85%，每隔30~60 min摇青一次，每次2~6 min，6~8次，摇青机转速28~30 r/min，每桶装叶量10 kg，为圆筒容量1/2~2/3	摇青机（鼓风不锈钢摇青机）
4	炒青（杀青）	锅温240℃~260℃，投叶量30(10) kg，时间4~6 min	110型间歇式（瓶式）滚筒杀青机（2台）
5	初揉	炒（杀）青叶趁热揉捻10~15 min，重压	55型揉捻机（4台）
6	解块	均匀投料	30型解块机（1台）
7	初烘	温度110℃~120℃，摊叶厚度2~3 cm，时间10~16 min	连续翻板式烘干机（1台，10 m²）
8	摊凉回潮	厚度为2~3 cm，时间60 min（复揉10 min）	摊凉机（或篾盘、晒垫）
9	复烘	温度100℃~110℃，厚度2~3 cm，时间10~15 min 改为2~3次烘干至9.5成干，每次烘后摊晾走水1 h	连续翻板式烘干机（1台，10 m²）
10	摊凉回潮	厚度为2~3 cm，时间60 min	晒垫
11	足火	温度70℃~80℃，厚度2~3 cm，时间20~25 min	焙笼（提香机、烘干机）

第三节　基本茶叶机械介绍

一、滚筒杀青机

滚筒杀青机（图4-1）主要技术参数见表4-7。

图4-1　滚筒杀青机

表4-7　滚筒杀青机主要技术参数

项目	计量单位	参数
筒体内径 × 长度	mm	40型：400×1800；50型：500×2200
主电机功率	kW	40型：0.55；50型：0.75
滚筒转速	r/min	28~32
杀青时间	s	90~150
杀青温度	℃	燃电式温度设定为300~320
杀青叶含水率	%	58~62
电热管总功率	kW	40型：20.5；50型：24
小时处理量	kg/h	40型：40~50；50型：50~60

二、揉捻机

揉捻机（图 4-2）主要技术参数见表 4-8。

图 4-2　揉捻机

表 4-8　揉捻机主要技术参数

项目	计量单位	参数
揉桶内径 × 高度	mm	35 型：350×250；40 型：400×300
主电机功率	kW	40 型：0.55；50 型：1.1
转速	r/min	45±2
投叶量	kg/桶	35 型：10~12；40 型：14~16

三、烘焙机

烘焙机（图 4-3）主要技术参数见表 4-9。

图 4-3　烘焙机

表 4-9　烘焙机主要技术参数

项目	计量单位	参数
烘茶斗尺寸	mm	圆形斗：直径 480；方形斗：600×450
主电机功率	kW	5 斗：1.65；3 斗：0.55
温度	℃	初烘：120~130；整形、足干：90~100

四、烘干机

烘干机（图 4-4）主要技术参数见表 4-10。

图 4-4　烘干机

表 4-10　烘干机主要技术参数

项目	计量单位	参数
外型尺寸 （长 × 宽 × 高）	mm	6 m²：4853×1524×1650 10 m²：5763×1524×1650 16 m²：6375×1524×2000
烘板层数	层	6 m²：4；10 m²：4；16 m²：6
烘干时间	min	6 m²：8~30；10 m²：8~30；16 m²：10~60
温度	℃	初烘：120~130；足干：100~110

五、炒干机

炒干机（图 4-5）主要技术参数见表 4-11。

图 4-5　烘干机

表 4-11　炒干机主要技术参数

项　目	计量单位	参　数
尺寸（筒长 × 中径）	mm	90 型：1490×900；110 型：1690×1100
电机功率（主电机 + 风机）	kW	90 型：1.2；110 型：1.5
电加热功率	kW	90 型：17.5；110 型：20
温度	℃	初炒：温度设定 220~240，叶温 50~60 复炒：温度设定 200~220，叶温 70~80

六、提香机

提香机（图 4-6）主要技术参数见表 4-12。

图 4-6　提香机

表 4-12　提香机主要技术参数

项　　目	计量单位	参　　数
尺寸（长 × 宽 × 高）	mm	1190 × 1060 × 1980
电机功率（风机）	kW	0.75
电加热功率	kW	9
烘盘层数	层	12
温度	℃	绿茶提香：90~100；红茶提香：100~120

第四节　茶叶储存与保鲜

茶叶作为一种健康饮品，在一定时期内要保证其质量不受影响，有效延长茶叶保鲜期，让消费者能够买到色、香、味、形都保存完好的茶叶产品。茶叶储藏就是在茶叶基本包装的基础上，确保茶叶保持原有品质所进行的一个过程。

一、影响茶叶变质的因素

（一）温度

一般认为温度和湿度是茶叶变质的直接原因。温度的作用，主要在于加快茶叶的自动氧化。据试验，温度每提高 10℃，绿茶汤色和色泽的褐变速度可加快 3~5 倍，而冷藏可抑制氧化褐变。低温储藏条件下维生素 C 的保留量较高，氨基酸含量亦以低温冷藏的较高。因此，低温储藏是保持茶叶品质最有效的方法。

（二）湿度

茶叶中既有亲水的化学物质，如茶多酚、类脂物质、蛋白质、糖类；又具有吸水的物理性状，如条索疏松。这样就使茶叶具有较强的吸湿还潮特性，而吸湿还潮的结果，会使茶多酚、维生素 C、类脂物质等发生不同程度的氧化。于是茶叶的滋味发生变化，香气减低，失去了新鲜感。

（三）氧气

分子态氧易使醛类、酯类、维生素等氧化而形成化合物，这种氧化物在单独或与其他物质在一起，能自动氧化，并继续氧化分解，这是茶叶氧化变质的基础。

（四）光照

光能促进植物色素或酯类物质的氧化，特别是绿色色素的主体——叶绿素能分解成脱镁叶绿素。在光线的照射下，紫外线比可见光强得多，影响更大。所以光线能使茶叶中的叶绿素氧化变色，使绿茶由绿变黄，红茶由乌变灰。

（五）异味

茶叶中含有高分子棕榈酸和萜烯类化合物。这类物质性质活泼，广吸异味，因此，将茶叶与异味的物质，如香皂、樟脑、油漆、香烟等一起存放，茶叶就会很快地吸收它们的气味，黏附于茶叶表面，从而产生异味。

二、茶叶保鲜方法

根据茶叶的特性和造成茶叶陈化变质的原因，茶叶保鲜应遵循"防潮湿、干燥储存；防高温，低温储存；防光照，避光储存；防氧化，密封储存；防吸附，单独储存"五原则。但由于各种客观条件的限制，以上条件往往不能兼备而有之。因此，在具体操作过程中，通常分为常温保鲜和冷藏保鲜两大方法。

（一）常温保鲜

常温保鲜可抓住茶叶干燥这个关键，根据各自现有条件设法延缓茶叶的陈化过程，再采取一些其他措施。具体有以下几种方法：

茶叶的包装材料要有良好的防潮性能，如阻隔性能良好的铝塑袋和铁听包装，普通的瓶、罐等保管茶叶，用设有内外两层盖或以口小腹大的陶罐为好，容器盖要与容器身结合严密，盛茶容器要尽可能密封，减少与空气接触，以防止湿气进入，要求存放在干燥、清洁、无异味的地方。有条件可将装入铁罐内的茶叶用抽气机抽去罐内的空气，再焊好封口。如条件不够，可用热水瓶胆储藏，因为水瓶胆与外界空气隔绝，茶叶装入胆内，加塞加盖后，以白蜡封口，外包胶布，简单易行，易于家庭保管。利用罐内空气稀薄及密封后罐内茶叶与外界隔绝原理，将茶叶烘干到含水量在 3% 以下装入罐内，并将除氧剂以 1∶20 的比例加入到茶叶包装中，然后再密封，在常温下可储藏 1 年以上。

用生石灰或高级干燥剂，如硅胶吸收茶叶中的水分，保藏效果也较好，以 6.5∶1 的比例将包好的茶叶与生石灰置于茶叶容器中，一般来说，需在 2~3 个月后换灰一次；利用硅胶储藏茶叶，硅胶与茶叶的比例一般为 1∶20，如发现干燥剂的颗粒由原来的蓝色变为半透明淡红色至白色，可将干燥剂取出在阳光下或微火中烘焙成蓝色，再继续使用。

（二）冷藏保鲜

入库前，将含水率在 5% 左右的茶叶装入厚度不少于 100 μm 的聚丙烯或聚乙烯袋内，也可装入以作防潮裱糊的茶箱内，再用双层布缝制的小布袋装上干燥剂，埋入茶堆内进一步去除茶叶水分，更为先进的方法是用铝箔复合纸袋装茶，真空密封后入库。

冷库温度保持在 5℃±2℃ 较为经济合算，库温过低耗电量很大，过高则不利于保质。当气温在 10℃ 以上时，从冷库里取出的整箱（袋）茶叶，必须在室内存放 10 h 左右，使箱（袋）内茶叶升温，当茶温与气温相近时才可开箱（袋）。如出库后立即打开茶箱（袋），冷茶叶接触空气后产生冷凝水，使茶叶吸湿回潮，会大大缩短冷藏茶的货架期。出库后必须经过热处理以提高茶香。茶叶经过冷藏后，芳香油凝聚，冲泡时没有正常茶香，须经过炒或烘，除去"死冷气"，显露正常茶香。提香的方法有：烘青绿茶，宜用名茶烘干机复烘，风温 90℃~100℃，烘 8 min 左右即可；也可用微波烘干机复焙 1 min 左右；扁形绿茶，宜用龙井茶电炒锅复炒，炒至茶温达到 70℃ 后即可出锅；也可用电热多功能机不加压力拌炒，复炒至茶叶稍有烫手感时即可

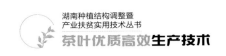

出锅，切勿高温长炒而使茶叶带有焦味。

（三）不同茶类储藏方法

1. 名优绿茶储藏

名优绿茶是所有茶类中最容易陈化变质的茶，极易失去绿润的色泽及特有的香气。由于绿茶易吸湿气，水分达到 5% 以上时，极易变质，一次长时间存放的绿茶即使没有开封也会失去香气，因此，应趁新鲜时饮用。开封后应倒入密闭容器中，并且应该在一个月以内用完。

家庭储藏可采用生石灰或干燥剂吸湿储藏法。即选择密封容器（如瓦缸、瓷坛或无异味的铁桶等），将生石灰块或干燥剂装在布袋中，置于容器内，茶叶用牛皮纸包好放在布袋上，将容器口密封，放置在阴凉干燥的环境中。有条件的还可以将生石灰吸湿后的茶叶用镀铝复合袋包装。内置除氧剂，封口后置于冰箱中，可两年左右保持茶叶品质不变。

2. 红茶储藏

相对于绿茶来说，陈化变质较慢，较易储藏。避开光照、高温及有异味的物品，就可长时间保存。因为红茶已经完全发酵，保存期限比绿茶要长，灌装或用铝箔纸包装的茶包，可保存 3 年，放入纸袋中的茶包约为 2 年。但是放置时间超过 3 年后，香味就会消失，丧失原有的风味。

3. 乌龙茶储藏

挑密封度好的茶叶罐、铝箔袋、脱氧真空包，可以选择马口铁罐，不锈钢、锡材质的茶叶罐，避免阳光直射，效果较佳，可防潮、避免茶叶变质走味。一般轻焙火、香气重的茶叶因还有轻微水分会产生发酵，建议尽快泡完。短时间喝不完，可将茶叶密封，存放于冰箱中冷藏低温保鲜储藏。重焙火茶储存时要先把茶叶的水分烘焙干一点，利于茶叶久放不变质，如要让茶叶回稳消其火味，用瓷罐或陶罐都是很好的选择。

4. 耐储藏茶叶的存放

需要常年储藏的茶叶包括黑茶和普洱茶等，"买来老茶存新茶，存有新茶喝老茶"是此类茶爱好者的基本消费方式。因其茶叶的特殊性，需要在存放过程中吸收一定的空气水分来加速陈化形成其特有的品质，因此，在储藏过程中无需密封，但储藏条件要求保持通风、干燥、无异味。阴凉忌日晒。日晒会使茶品急速氧化，产生一些不愉快的化学成分，如日晒味，长时间不得消失。所以不提倡在烈日下直晒成品黑茶，应放置于阴凉处。通风忌密闭。通风有助于茶品的自然氧化，同时可适当吸收空气中的水分（水分不能过高，否则容易产生霉变），加速茶体的湿热氧化过程，也为微生物代谢提供水分和氧气，切忌使用塑料袋密封，可以用牛皮纸、皮纸等通透性较好的包装材料包装储存。开阔忌异味。茶叶具有较强的吸异性，不能与异味的物质混放在一起，宜存于开阔而通风的环境中。干爽忌潮湿。防止雨淋或者空气湿度大的环境。但太干燥的环境会令茶叶的陈化变得缓慢，所以要有一定的湿气。在较为干燥的环境里，可以在茶叶的旁边摆放一小杯水，令空气中湿度稍微增大。但是太过潮湿的环境会导致普洱茶的快速变化，这种变化往往是"霉变"，令茶叶不可饮用。年平均湿度不要高于75%，南方梅雨季节要加装除湿机，去除空气中多余水分。温度适宜。温度应以当地的环境为主，不用刻意地人为创造温度，正常的室内温度就好，最好是常年保持在20℃~30℃，太高的温度会使茶叶加速发酵变酸。

第五章
成功案例介绍

第一节　湖南湘丰茶业集团

一、公司现状

（一）综合实力

现为中国茶业产业综合实力十强企业，排名第四位。2018 年，集团综合产值 16.5 亿元，茶业板块 6.6 亿元，拥有工业与商业土地 22 万多 m^2，工业与商业房产 12 万多 m^2。湘丰茶业集团有限公司旗下现有省级龙头企业四家、市级龙头企业三家、高新技术企业三家，系中国驰名商标企业、国家级茶叶标准化示范企业、国家高新技术企业、国家绿色工厂、省级企业技术中心、省级工程技术中心、长沙市绿茶工程技术研究中心。

（二）茶园基地

公司自有茶园基地 3667 hm^2，在湖南省及周边区域已整合控制茶叶基地 2.3 万 hm^2，全国自有茶园规模最大，是中国自有无性系优质茶叶种植面积最大的茶叶加工企业，主要辐射长沙县、浏阳市、汨罗市、平江县、张家界、湘西、怀化、常德、益阳及湖南省外贵州都匀、湖北宜昌、四川乐山等地区，带动了 30 多万农户增收。

（三）生产加工

公司率先全面实现了清洁化、自动化和规模化生产加工，年综合加工规模达 5 万 t 以上。公司产品的原料品控、生产工艺、技术研发、专家团队均已形成完备的支撑体系。产品体系主要包括：长沙绿茶、湖南红茶、安化黑茶、桑植白茶、岳阳黄茶、茉莉花茶六大品类。

（四）湘丰内销

名优绿茶全省第一。公司全国现有授权经销网点达 400 余个，授权经销商与服务商 20 多家。公司目前已经建立完善的国内营销渠道及网络，网点遍布中南五省、北京、山东、湖北、贵州、四川等地区。

（五）湘丰外贸

湘丰外贸事业于 2011 年正式开始，已经连续 7 年出口业务稳步上升，年销售额排名稳居湖南省同行业第二、增长率省内第一。根据行业国际标准，湘丰产品取得了多项国际权威认证证书。包括：ISO9000、ISO14000、ISO22000、HACCP、德国 CERES 有机认证、ETP 认证、FT 认证等。产品出口到俄罗斯、中东、欧盟、西亚、北非、乌兹别克斯坦、摩洛哥、美国等 47 个国家和地区，其中一带一路国家有 21 个。

（六）湘丰电商

湘丰电商是以湘丰产品加湖南本地特产一体化的垂直移动 O2O 平台，通过"线上 online+ 线下 offline"融合发展的模式，运用互联网线上平台（天猫、京东等）和线下体验店将湘丰旗下优质产品配送到全国千家万户。电商销售额省内行业第一，已积累会员 30 多万人。

（七）科研创新

公司与中国科学院亚热带生态研究所、中国茶叶研究所、湖南省茶叶研究所、湖南农业大学持续开展战略合作，锐意创新，近年来，公司申请了 40 多项技术专利，研究成果在国内外学术期刊上发表研究论文 80 多篇。湘丰绿茶荣获 2017 年湖南省农产品创新贡献奖（全省总共 3 个），这是省内首次设立的大奖。2016 年 2 月，公司与中科院、长沙县人民政府三方共建科

研实验大楼已正式投入运营，为湘丰在高值循环农业、农产品安全检测、全面质量追溯系统建设方面寻求突破。

（八）茶旅融合

湘丰茶业庄园位于北纬 30° 传统湘茶产业带，总面积 247 hm²，是国家AAA 级旅游景区，长沙首批中小学研学旅行基地，2014 年被农业部评为"中国最美田园景观"。湘丰茶旅囊括水域风光、生物景观、建筑与设施、人文活动等资源类型，涵盖千亩花海、茶园观光、茶工艺体验中心等多个景点，集采茶、制茶、饮茶等体验活动与观光旅游、文化旅游于一体。湘丰茶业庄园、三珍虎园、猕猴桃园已形成较强的旅游吸引力，年接待游客 30 万人次。

（九）湘丰装备

长沙湘丰智能装备股份有限公司（以下简称"湘丰装备"）拥有省级工程中心 2 个，获得省部级二等奖 2 项，拥有省级成果鉴定 7 项，获得茶叶装备相关发明专利 30 余项，获得软件著作权 10 项，自主研发的炒青绿茶生产线、香茶生产线、红茶生产线和黑茶生产线等一系列多种类型连续化、自动化茶叶加工生产线，这些生产线大部分为行业首创，相关技术填补了国内空白、达到国际先进水平，使我国的茶叶加工装备实现了从初级自动化阶段向自动控制阶段和数据化阶段的升级。目前，湘丰装备生产的全自动茶叶生产线已畅销国内主要产茶区各大茶企，市场占有率稳居行业领先地位。大大加快了我国的茶叶加工自动化、标准化、规模化的升级进程。

二、发展历程

1996 年，原乡办的脱甲茶厂由于茶树老化、设备陈旧等原因，已是举步维艰，濒临倒闭。为使集体财产不再流失，是年初，汤宇卖掉饲料厂，承包了脱甲茶厂，他从发挥人的积极因素入手，狠抓质量关，将质量责任细化到生产的各个环节，建立严格的奖惩制度，明确了目标和责任，全厂员工个个兢兢业业，茶厂很快出现转机，效益开始显现，情况迅速好转，当年底，他被评为金井镇先进工作者。

为了更好地促进企业发展，2000年6月2日，长沙县金井镇人民政府与汤宇签订《产权转让合同》，将镇办企业长沙县脱甲茶厂资产，包括土地、厂房、宿舍及其他配套设施转让给汤宇，转让价格为20万元。2002年，汤宇个人出资在长沙县金井镇成立"长沙县金井镇湘丰茶厂"，由此"湘丰"品牌在茶行业中开始崭露头脚。

成功迈出创业的第一步之后，汤宇意识到，要真正做好企业，必须"塑造企业形象、提升企业品位、打造企业品牌、做大企业规模"。自2002年开始，"湘丰"进行了大规模的建设，新建厂房、新扩基地、新购设备，所有的硬件设施都达到省内同行业中一流水平。2003—2004年，湘丰茶厂控股成立了长沙湘丰金薯食品有限公司、长沙湘丰星香粮油购销有限公司（后来根据上市凸显主业的需要，从湘丰体系进行了剥离）。2005年把湘丰茶厂升格为湖南湘丰茶业有限公司。2006—2008年，湘丰茶业对长沙县本地的茶叶资源进行整合，陆续收购开慧茶厂、双江茶厂，先后控股成立湖南百里茶廊有限公司、长沙湘丰茶叶机械制造有限公司（现名"长沙湘丰智能装备股份有限公司"）；2008年开始，湘丰为了更好掌控资源，加快发展速度，提出"向西向上"的发展战略，陆续通过控股、收购、新成立等方式成立了湖南保靖黄金茶有限公司、湖南壶瓶山茶业限公司、湖南官庄干发茶业有限公司、湖南湘丰桑植白茶有限公司、安化湘丰黑茶有限公司；2014年成立湖南湘丰茶业旅游开发有限公司打造茶旅融合，成立长沙湘丰电子商务有限公司运营线上销售。

至此，湘丰成长为涉及茶苗繁育、茶叶种植加工、茶叶销，初步形成了现代茶叶产业集团的格局。

三、成功经验

（一）在理念上求创新，立足一个"远"字

如果要选取一个最能代表时代精神的词汇，那一定是"创新"。农业发

展的理念创新既是提高农业比较收益和竞争力的重要途径，也是激发新型业态产生、扩大农业发展空间的重要举措。

1. 生态立业，奠定发展根基

公司牢固树立尊重自然、顺应自然、保护自然的生态文明理念，走生态与产业互动、经济发展与资源环境相协调的路子。在茶园培管过程中，对病虫害的防治，全部采取生态防控措施，不施农药。采用测土配方施肥，使用有机肥。在茶园中进行植被的间种，在茶园坡地裸露、光秃的梯壁上种植护梯或保护原有绿草，防止茶园水土流失。公司与中科院合作，打造高值循环农业，实现资源的低消耗、污染物的低排放、资源利用的高效率。同时采用绿狐尾藻生态湿地对分散式污水进行高效处理，达到净化及安全效果。通过这些措施，保护和改善了当地的生态，实现既是"青山绿水"，也是"金山银山"。

2. 三产融合，打通产业链条

公司涵盖了茶叶种植、茶叶加工销售、茶文化旅游、电子商务、进出口贸易、茶叶智能装备等产业，面对经济发展新常态，湘丰茶业提出了"三产融合，创新驱动"的发展理念，打通一二三产业，深入挖掘现有资产和资源的价值，变产区为景区，变茶园为公园，使产业链条形成一个有机的整体，相辅相成、相促相长，确保可持续发展。通过三产融合，在发展观念和运营模式上突破传统农业的束缚，用现代工业理念做大农业，用现代流通理念做活农业，用现代金融理念做强农业，用现代生态理念做好农业，促进了农业的规模化、产业化，拓宽了农业发展的内涵和外延。一二三产业融合发展，不仅为农业农村发展积聚动力、创造活力、提高能力，也为经济社会改革发展全局夯实了基础、增添了动能。在湘丰集团，三产融合已开展得如火如荼，而一个个项目的开展，最终都指向同一个目标：延长农业产业链，增强主体内生动力，最终带动农民增收和农村发展。

3. 战略先行，谋划发展方向

古人曰："谋定而后动，知止而有得。"任何时候任何事情都离不开战略谋划，企业发展也是如此。公司制定了"一二三四五"战略。一个梦想：实现千人计划，组建产业集团，践行产业报国；二大目标：打造108亿产业，铸就108年品牌；三个全覆盖：3年内实现全省122个县市区茶产业链全覆盖，5年内实现全国地级以上销售体验店全覆盖，10年内实现一带一路销售代表全覆盖；四大园区：湘丰生态茶业产业园，湘丰茶旅文化体验园，湘丰智能装备科技园，湘丰智汇创新创业园；五大理念：传统与现代相结合、国内与国际相结合、产业与科技相结合、线上与线下相结合、一二三产业相结合。

（二）在产业上下功夫，做到一个"实"字

三产融合，必须是先有产业，再进行融合。湘丰集团坚持"大农业"的理念，通过"以点连线、以线带面"，形成一二三产业齐头并进的局面。

1. 在"点"上壮主业，内外并举，提质升级

作为主导产业，湘丰集团的茶业在综合加工规模达5万t以上，省内第一，公司名优绿茶市场份额居湖南省第一位。产品出口到美国、东欧、中欧、非洲、中东等40多个国家和地区，并在英国、俄罗斯、乌兹别克斯坦、摩洛哥4个国家设有办事处，2018年实现出口创汇1100多万美元。湘丰电商的发展势头迅猛，2018年实现销售收入2000多万元。目前在天猫、京东等主要电商平台上，湘丰黑茶、绿茶均实现搜索排名持续第一。目前正在打造农村电子商务平台和拓展跨境电商业务部。

为了提高经济效益，公司对茶园和生产设施进行提质升级，按照有机茶园的标准培管，其茶叶品质得到了改善，鲜叶逐步达到有机标准，销售均价从5.9元/千克提高到了6.4元/千克，每亩茶园平均产值从4450元增加至5000元。同时厂房改造和设备升级，加工过程中减少茶叶原料损失8%~10%，减少茶叶品质损失6%~8%。为了充分释放产能，公司在茶的品类上进行丰富，内部成立了花茶事业部，正在筹建白茶和黑茶加工中心。通过这些措施，真正做到鲜叶采摘下来都可以用、工厂一年到头都开工。接下来的几年，公司在保持既有优势的同时，将进一步加大提质升级的范围

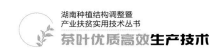

与力度，壮大主业。

2. 在"线"上抓延伸，茶旅融合，茶机开发

在飞跃基地原有农业生产的基础上，公司深入发掘茶园的观光价值，目前已建成精品乡村酒店、帐篷酒店、观光平台等设施，还将进一步通过建设传统制茶及现代化制茶工艺体验区、茶叶种植科普园、茶历史文化展示体验博物馆、特色茶浴、露营基地、拓展基地等，打造高品质的茶博园。同时公司正在将现有约 2.7 hm^2 的办公、生产场地提质改造，改建为湘丰度假村，将采茶、制茶、饮茶等体验活动与观光旅游、文化旅游融于一体。茶园、虎园、猕猴桃园已形成较强的旅游吸引力，年接待游客 30 万人次，实现旅游收入 3000 多万元。

农业装备是实现农业现代化的核心要素，在推进茶旅融合的同时，湘丰集团在茶叶机械制造方面也取得了突破性的进展，在中国茶叶装备行业内在市场占有率和技术水平处于领先地位。长沙湘丰智能装备股份有限公司（以下简称"湘丰装备"）研制出的炒青绿茶生产线、香茶生产线、红茶生产线和黑茶生产线等一系列多种类型连续化、自动化茶叶加工生产线，这些生产线大部分为行业首创，取得了一系列知识产权，相关技术填补了国内空白、达到国际先进水平。公司拥有省级工程中心 2 个，获得省部级二等奖 2 项，拥有省级成果鉴定 7 项，获得茶叶装备相关发明专利 30 余项，获得软件著作权 10 项，从而使我国的茶叶加工装备实现了从初级自动化阶段向自动控制阶段和数据化阶段的升级。在攻克茶叶全程机械化生产加工的基础上，公司又投入巨资，重点研发蔬菜、食用菌和其他产业的自动化设备，目前已取得突破性进展，这些新领域也必将成为公司新的增长点。

3. 在"面"上促整合，打造集团，做强平台

茶产业的演进是必然的，会经历初创、规模、聚集、平衡和联盟 5 个阶段。公司在现有全产业链模式的基础上，采用灵活多变的方式，进行横向的整合，实现优质资源掌控，形成具有强大竞争优势的集团化组织。模式一：湘丰茶业直接投资控股 51% 以上，负责运营管理。模式二：湘丰茶业为集

团成员单位提供决策、管理、技术和人才等全方位服务，成员单位负有在本地区域内推介湘丰品牌、销售湘丰茶业产品的权利和义务。模式三：招募湘丰品牌体验店。目前公司已经与全省 14 个地州市的 130 多家茶叶企业、茶叶运营商进行了对接，初步达成了意向合作协议。2017 年以来，公司举行了三次湘丰茶业产业集团建设座谈会，与一些企业建立了紧密的合作关系。

4. 在"体"上谋全局，聚焦农业，综合开发

湘丰集团长期与中国科学院亚热带生态研究所、中国茶叶研究所、湖南省茶叶研究所、湖南农业大学等多家科研院所实行战略合作。2007 年湘丰与湖南省茶叶研究所签订协议，从茶苗繁育、病虫害绿色防控、茶叶加工到茶机研究与人才培养等进行了全面合作；2016 年 2 月，公司与中科院、长沙县人民政府三方共建科研实验大楼已正式投入运营，为湘丰在高值循环农业、农产品安全检测、全面质量追溯系统建设方面寻求突破。2016 年，中科院亚热带生态研究所巨型稻研发成功，实现了 2 hm^2 连片稳产高产。2017 年 8 hm^2 "巨型稻 – 青蛙、泥鳅、稻花鱼"稻田生态模式取得成功。2018 年，公司流转土地 100 hm^2，与中国科学院亚热带生态研究所、长沙炎农生物科技有限公司合作开发"巨型稻 +"生态种养项目，建设了 66.7 hm^2 "巨型稻"生态种养实验基地、生态种养示范基地、生态种养产业化基地，33.3 hm^2 猕猴桃良种繁育基地、生态种植基地、观光体验基地。在此基础上，公司后期将继续引进一批科技含量高的农业产业，打造农业高科技产业园区。

（三）在思路上做文章，用好一个"活"字

在三产融合实施过程中，湘丰集团立足于农，采取各种方式，突出增加农民收入、改善农村环境、培养新型农民，千方百计为乡村振兴添砖加瓦。

1. 以机制为保障，实现双零双赢

湘丰集团一直紧随时代发展的潮流，在机制创新上下功夫。在三产融合实施过程中，我们就一直围绕"农"字下功夫，广泛开展与村级经济的合作，谋划企业与农村、农业、农户的共同发展。通过"公司 + 基地 + 合作社 + 农户"的紧密利益联结机制，公司通过合作社把农户组织起来，实行

统一经营，统一管理，统一分配，采取保护价收购、利润返还等方式，并提供生产资料、技术服务。为了有效解决在农业产业发展中普遍存在的"两缺两怕"的难题（农民缺资金、缺技术和怕自然灾害、怕价格下滑影响收入），公司采用了合作社鲜叶直补模式，即根据从合作社收购的鲜叶原料，按市场价核算鲜叶总价值的15%直补给合作社，用于鼓励合作社规范茶园管理、规范农业投入品管理等，合作社并对成员按股金份额进行盈余返还。通过这种模式，实现了"双零双赢"（农民零风险、零投入，公司少投入、少用工，农民、公司均受益），从而促进农业产业的持续健康发展。

2. 以项目为纽带，带给农民实惠

湘丰集团立足自身发展的需要，以项目建设推动三产融合。近年来，公司通过良种茶苗繁育、生态茶园培育、茶博园建设、生产线改造、茶叶全自动生产线设备制造等项目，在推进产业发展的同时，也给本地农民带来了极大的实惠。激活农村存量资产。吸引合作社参股龙头企业，通过股权分红的方式，分享龙头企业发展带来的红利，目前湘丰集团已经吸引合作社参股资金200万元，带动茶农500多户。激活农村土地资源。通过土地流转，茶农根据自有林地或耕地可以获得100~800元/亩的收入。激活农村人力资源，通过吸引茶农从事采茶、茶园培管、进厂加工、参与营销、参与旅游服务等方式，直接带动200多人就业，人均年工资及福利达到3.5万元。

3. 以策划为手段，达到"名利"双收

湘丰集团充分发挥湘丰村生态环境良好的优势，打造生态产业，坚持企业发展与生态乡村建设相结合，坚持乡村发展与生态乡村建设相结合，向生态要效益，在生态发展中出效益。把"绿水青山"变成"金山银山"，关键是要把游客引进来。公司通过采茶节、采茶比赛、茶园摄影比赛、帐篷音乐节、亲子游、研学等一系列的策划活动，通过电视、报纸、微信公众号、微博、直播平台等各种方式，把湘丰村的"吃住游玩购"全方位、广范围地向大众进行传播。公司今年国庆节举办的帐篷音乐节活动，人流量达到了4万多，当地村民说这是村上有史以来最热闹的一天，商店的矿泉水都销售一空。活动策划在直接拉动当地消费的同时，也让当地农户尝到发展乡村生态旅游的好处，吸引周边农户开展民俗民居改造，挖掘自身特色，直接参与到乡村旅游接待中，创造新的增收致富途径，增强农户自身"造血"能力。

发展才能自强，实干才能兴邦。作为农业产业化龙头企业，湘丰集团一直努力追求和践行农业全产业链模式，通过一二三产业高度融合，相互支撑，实现循环经济和可持续发展。而通过这种新农业模式的打造，在未来，湘丰集团也将通过农业创造更大的价值，为农民带来更多的实惠，为农村带来更多的改变。

第二节　古丈县古阳河茶业有限责任公司

一、公司简介

古阳河茶业有限责任公司前身为古阳河茶庄，创建于 1998 年，注册资金 50 万元，目前总资产已达 790 多万元，其中固定资产 593 万元。截至 2017 年 10 月底，公司在坪坝镇建立了优质有机茶园共 70 hm²，采用"公司＋基地＋农户＋市场"的运作模式，已新建 1200 m² 标准化茶叶加工厂并投产使用，每年可生产 200 t 干茶，可以满足 1000 多 t 鲜叶的加工需求，带动坪坝镇周边茶园建设 200 hm² 左右。

古阳河茶业有限责任公司作为古丈毛尖的龙头企业，始终坚持"质量至上、诚信第一"的原则，精选古阳河流域高标准生态茶园优质茶叶为原料，由古丈茶王手工结合现代科学技术精制而成的古丈毛尖，代表着古丈茶叶制作的高水平，深受国内外消费者的信赖和喜爱。2011 年底，公司销售收入达到 1345 万元，纯利润达 160 万元，2018 年底，公司销售收入达到 2065 万元，自有茶园面积达 66.7 hm²，直接带动周边农户种茶 333.3 hm²，带动 872 户贫困户脱贫。

公司创立的"古阳河"和"古阳红"古丈毛尖两大品牌个性鲜明，集亲和力、尊贵、卓越于一身，富有价值和现代表现力，在标志、颜色、设计、造型、市场定位、核心价值及包装上统一了形象、风格和质量；同时，带动农民发展，统一生产标准，统一加工、销售，形成产、加、销一体化的经营格局。公司历来坚持"质量第一、顾客至上，技术创新、持续改进"的质量总方针，多次被省、市、县评为消费者信得过单位、个体私营企业先进单位和重点保护单位。

公司现有员工 38 人，其中评茶师 2 名，茶艺师 3 名，助理茶艺师 3 名，制茶师 20 余名，高级制茶师 10 名，有丰富的生产加工和市场营销经验。公司一直把古丈毛尖与茶工艺品组合销售，整合资源凸显差异，以古丈茶文化为底蕴，以古丈毛尖品质为核心，运用文化经济这一现代经营理念，大力开拓茶叶市场与旅游商品市场，使古丈茶焕发出新的生命力。

二、发展历程

胡维霞总经理 1974 年出生于古丈县一个大家族中，父亲有 11 个姊妹，全部都在机关单位上班，算得上是别人眼中的富贵子弟。那时的古丈县，家家户户都有茶，唯独胡维霞家没有，可是这也阻挡不了父母对于生活的追求与热爱。她动情地跟我们描述：父母每天早上 6 点钟起来采茶，采到 8 点钟再去单位上班。每年秋收季节，在学校的组织下，她和同学们都会兴高采烈地帮助当地的老百姓去采茶。她从小在这样的环境下成长，从不认为劳动是一种负担。就这样，家庭富裕的她从小便和茶叶结下了不解之缘。

佛曰："坐亦禅，行亦禅。一花一世界，一叶一如来，春来花自青，秋至叶飘零。"胡维霞不愿意将自己定位成一个女企业家，她更愿意以一个纯粹的茶人身份，在一杯古丈茶里修行。试想一下，喝茶的乡亲们每天围着桌子在茶气氤氲的乡情里聊天、打趣的温暖场景。正是这份柔软的乡情，推着胡维霞去完成那份埋在心底——为古丈的爱茶之人打造一个真正属于他们喝茶的空间；正是怀着对茶的这份真挚的情感，胡维霞从事茶业工作达 20 余年，也开创了一番属于她绚丽多彩的未来。

（一）艰难创业

1991 年，胡维霞从化工中专毕业。在父亲的安排之下进入了当地一家外贸公司并跟着他一起做账。然而，性格外向的她并不安于这份会计工作，毅然地转到了销售部门，承担起茶叶销售工作。胡维霞的工作就是挨家挨户地收集各种干茶，对于每一种茶叶，她都要亲自品尝和甄选，默默地积累了大量的茶叶专业知识。不知不觉，在这一岗位上她终于找到了自己的兴趣，对于茶叶工作始终饱含热情、兢兢业业，很快便得到了上级领导的赏识和重用。1993 年，她被公司送到湖南农大进行为期一年的干部培训。有了专业老师的指导和理论知识的武装，胡维霞变得更加自信和有远见了。

学成归来之后，领导决定成立一个独立的茶叶外贸公司并聘她为总经理。该公司延续了以往的做法，主要是从农户手中收集干茶，并把茶叶按照质量层次拼装成不同等级，批发直销。这种薄利多销的模式，在当时竞争不激烈的环境之下，取得了不错的业绩。

1997 年，她却遇上了史上最大的一次下岗风潮，在母亲的支持与鼓励下，胡维霞开始走上了创业之路。1998 年，她创立了古阳河茶庄，延续了原茶叶外贸公司的业务。胡维霞就是抓住了猴王公司常来古丈收购茶叶这个机遇，分到了市场的一杯羹。那时候，古丈只有三家茶叶销售商，短期之内的竞争压力不是很大，加上原有制茶叶的技术和经验，古阳河茶庄的生意蒸蒸日上。

胡维霞在开创事业的同时收获了自己的爱情。在胡维霞潜心相夫教子的那段时间，古丈也发生了很大的改变：一方面，随着消费市场需求的转变，从原来的低档茶转型成为中高档茶叶；另一方面，古丈茶叶开始向精细化发展。面对瞬息万变的茶业形势，胡维霞又重新投入到企业的发展中。面对茶业外部环境的不确定性，她对自己的茶庄做出了相应的调整，开始稳步进军中高端茶叶市场。

与此同时，在政府的大力宣传和影响下，茶叶从人们的生活消费品逐渐转变成为礼品市场的新宠。于是，古阳河茶庄不拘泥于批发市场，逐步转向零售，并对产品进行了简单的包装。渐渐地，她也意识到要想做好茶，不仅要有好的质量，而且需要一个好的品牌。

（二）打造品牌

实际上，早些年古丈县茶业界普遍缺乏品牌意识，但是胡维霞一直注重品牌培养，于 2006 年成功注册了"古阳河"商标和品牌。由于在业界良好的口碑，古阳河茶产品受到了政府的青睐。各州、市、县政府每年都会从古阳河公司采购大量的"降温茶"。

2008 年，胡维霞与"金茶王"向春辉签订了合作协议，胡维霞获得了茶王称号的唯一使用权，有了茶王的技术保证，古阳河公司销售的茶叶质量受到广大消费者的一致好评。

同年，古丈县开始实施食品安全质量认证，为此，胡维霞找到了炒茶师傅向春辉，经过一番协商并达成协议：古阳河公司取得了向春辉茶叶生产基地的使用权。此后，古阳河公司开始收购鲜叶进行加工，价值链延长也使得公司获得了不错的销售收益。

2009 年，胡维霞签下了吉首大学一位教授设在古丈双溪乡的茶叶教学基地，开始自己种植茶叶。这段时间，在提升古阳河茶业的品牌影响力和市场竞争力上，她和"茶王"向春辉做了很多尝试：一是积极探索茶叶的生产规律，培育高质量的茶树品种，提升茶叶制作工艺，寻求技术创新；二是在包装设计上融合蜡染及苗绣等湘西的传统文化，打造出了几款高档主推产品；三是继续用"茶王"的名气助力古阳河提升影响力，由此，古阳河的品牌知名度逐年提升。

两年后，公司自有茶叶基地占地面积约 33.3 hm²，每年可生产加工茶叶80 余 t，下辖 3 个茶叶基地、2 个加工厂、2000 多户茶叶加工种植大户，实行订单销售。此时，胡维霞进一步扩大茶叶销售，在省内快速建立健全销售网络。首先，公司在长沙市开设古丈毛尖专卖店，古阳河牌古丈毛尖正式进驻长沙高桥茶叶城，同时在古丈、怀化、吉首、凤凰、常德等地设置代理直销点 10 多家，并筹备开拓国内市场，以此不断满足顾客的需求，提高销售量，古阳河品牌也逐渐被更多的人所熟知。

公司门店的经营方式主要是零售（用茶的散客）和批发（卖茶的经销商）。对于散客而言，一般采取现金支付，也没有任何优惠，每年占总销售量的 20% 左右；对于经销商而言，刚开始主要采取合同或协议形式，彼此熟悉以后就是靠诚信来合作，不仅可以享受购买时的优惠，譬如，成交金额达到 5 万元，可优惠 1%~2%，而且还可以换茶（购买量的 10%~15%），这些茶大部分卖给那些茶楼和茶馆，也有少量的退货（基本上是因为天气等原因造成的品质问题）。2011 年底，公司销售收入达到 1345 万元，纯利润达160 万元。

2012 年，正当胡维霞欲寻找更合适的茶叶基地时，古丈县坪坝镇政府工作人员找到了她，鼓励她在该地承包茶园发展产业。最后，在政府的积极推动下，胡维霞在该地建立起了公司的生产加工体系。

为进一步扩大规模，公司于 2013 年完成占地 2 hm² 的古阳河茶业茶文化产业园的建设，建成年产 100 t 古丈毛尖、红茶精深加工厂，可实现年产值 2800 万元，年均利润 218 万元。

茶已经成为中国人生活中必不可少的组成部分。公司已制定了五年之后的规划，将在生产基地附近打造古阳河茶叶体验园，结合其已有茶园，打造出集茶采摘、茶体验、茶餐饮、茶文化、茶休闲及景区旅游为一体的茶叶主题公园。体验园拟以古丈茶文化收藏馆和品茗苑为中心，以文化、产业、景观三大主题为轴线，集茶业生态园、茶叶贸易、生态农业观光、休闲度假于一体，具有高水平的经济效益、生态效益和社会效益的综合茶产业园区。

（三）转变模式，推陈出新

想要在瞬息万变的茶叶市场中保持品牌的活力。一方面，需要根据市场改变产品定位。由于国家对三公消费的抑制，使得高档茶叶的销售市场呈现低迷态势，公司不得不转变生产和销售思路，开始多措并举谋发展：由原来单一的高档茶叶生产转向高中低档茶叶全覆盖；同时，注册"古阳红"商

标，又新增红茶、白茶等新品种，以最大限度地开发新的客户群体。

目前，公司拥有古阳绿茶、红茶、黄茶、白茶、花茶等产品系列，公司创立以来主要经营绿茶系列，包括茶王茶、古丈毛尖、黄金茶，2011 年推出红茶系列，有青红茶。为了进一步丰富产品的多样性，2012 年推出花茶，主要是茉莉花茶；2013 年推出黄茶，2014 年推出古阳红茶、老树红茶和白茶。每一种都有红、蓝、银三种主打产品，每一种主打产品又分极品、尊品、珍品与精品。每一款产品都有 7 种不同颜色的包装，有罐装、条装、礼盒装和袋装，这些都可根据顾客需求混合搭配。

另一方面拓宽产品的销售渠道。在吉首和长沙成立了自己的销售门店后，公司逐渐与湖南省各级经销商建立长期合作关系。2013 年又在天猫、淘宝开设网店，同年在中国建设银行善融商务平台建立古阳河旗舰店，线上线下相结合，形成"实体店＋网络旗舰店"来提升市场占有率；还借助宋祖英、黄永玉等名人效应积极选用电视、报刊、媒体、网络等，进行了广泛的市场宣传和品牌推广，积极开辟广州、深圳等省外市场，欲借此使"古阳河"牌古丈毛尖市场覆盖全国 30 多个省市，并辐射到美国、法国、日本以及东南亚国家地区。

近年来，公司的销路一直没有突破。2015 年开始，胡维霞亲自带领员工赴北方各地考察，进一步开拓省外市场，譬如，以各种茶博会为契机，努力向北京、上海、天津、沈阳等各地的消费者宣传公司的茶叶。2017 年初，她将门店的选址定在了北京，在北京开设了一家古阳河专卖店，目前茶叶销售形势喜人。

三、公司业绩及获奖情况

2006 年，注册"古阳河"茶叶商标。

2007 年，通过了国家质监部门 QS 认证。

2007 年，获古丈县茶王杯茶王奖。

2008 年，中国绿茶高峰论坛名茶评比金奖。

2010 年，中华茶祖节·古丈毛尖万人品评会金茶王奖。

2013 年，手工制茶工艺被授予先进非文化遗产生产性保护企业。

2013 年，"古阳河"商标获得湖南省著名商标的称号。

2014 年，神农杯湘茶大赛红茶、绿茶两项金奖。

2015 年，华茗杯全国名优绿茶质量评比活动特别金奖和金茶王奖。

2016 年，制作古丈毛尖杯选送意大利米兰世博会，获得绿茶金奖。

2017 年，荣获"中国·古丈首届茶旅文化节之第十届'茶王杯'斗茶大赛"的"金茶王"奖，被授予"国家生态原产地产品保护认定"企业。

第三节　湖南石门溇峰名茶有限公司

一、公司现状

湖南石门溇峰名茶有限公司成立于 1998 年 3 月，注册资金 398 万元，现有资产 1750 万元，2018 年综合产值 1.0178 亿元，是常德市优秀农业产业化龙头企业、十佳优秀创业企业。公司主营"溇峰""潇湘"双品牌石门银峰、石门红茶、牛抵茶等产品。在常德、长沙、深圳、北京等地设有营销部及 2 个网店。

公司采取"公司＋专业合作社＋基地＋农户"的产业发展模式，成立有溇峰生态茶业合作社、黄鹤塔茶业合作社、周家冲茶业合作社和西山垭有机茶生产基地，共有社员 316 人。加工厂占地总面积 7500 m²，有现代化清洁化红绿茶兼制加工生产线 1 条、石门银峰茶加工生产线 1 条，年生产、加工、营销茶叶 300t 以上。带动雁池乡韦家湾村、五通庙村、水晶庙村、横断山村，磨市镇九伙坪村、长峪村、王观桥村，太平镇周家冲村、东流溪村，子良乡廖冲村，罗坪乡寨垭村 5 个乡镇 11 个行政村发展茶园 666.7 hm²；有订单农户 1080 户（其中建档立卡贫困户 599 户、1500 人）。

其基地建设、加工技术力量、市场营销能力居同行业前列。

石门溇水两岸，坐落着连珠列戟般的青山，茶乡石门的 10000 hm² 茶园，镶嵌于溇上数峰青的风景中。以"溇峰"命名的系列名优茶，是这诗意山水孕育的"天之骄子"。

多年来，溇峰名茶公司勇立茶产业发展潮头，深挖企业潜力，茶业经济风生水起，产业扶贫亮点频现，绘制了一幅带动山区群众依靠发展茶产业脱贫致富的美景画卷。

二、发展历程

（一）从"越兵炮手"到"制茶高手"

溇峰名茶公司董事长覃小洪参加了对越自卫反击战，在越战中度过了激情燃烧的 4 年岁月。1986 年从部队复员回到石门县。他申请到石门茶厂参加工作。作为一名普普通通的茶厂工人，他积极好学，申请到湖南农业大学学习深造。学习期间，覃小洪学习格外刻苦，各科成绩都非常优秀，被农大朱先明教授看中，并收为关门弟子。学成归来后主动请缨到壶瓶山的一个乡镇茶厂，并成立了简易的研制车间，农大的学习积累加上他刻苦钻研的精神，第一批名优绿茶于 1990 年春研制成功，并定名为"石门银峰"。经过两年的摸索研究，他终于总结出了一整套"石门银峰"制茶高端技术，研制出一批批香气馥郁的名优绿茶——石门银峰。至此，石门银峰一炮打响了；覃小洪也成为石门茶界手工制茶无出其右的高手。

（二）从"制茶高手"到"管理能手"

1997 年茶厂改制，覃小洪成了众多下岗工人中的一员。对茶的热爱让他继续坚守本行。并于 1998 年成立了湖南石门溇峰名茶有限公司。公司成立之初，覃小洪决定从茶的源头抓起，提高供茶品质，在离县城 100km 的西山垭建立了有机茶基地。有了基地，更要有人才，覃小洪从建厂之初就不断培养新人，将自己从老一辈茶人那里继承的优良传统和制茶技艺毫无保留地传授给他们，给茶界不断注入新鲜血液。如今，西山垭有机茶园已经成为湖南农大重点实验实习基地。皇天不负有心人，覃小洪摸索研制的石门银峰取得了一系列的荣誉。1991—1993 年，石门银峰连续 3 年获湖南省名茶评比总分第一名，并定为湖南名茶；1994 年，石门银峰获亚太博览会金奖；2000 年，石门银峰获第二届国际名茶（韩国）评比金奖；2005 年，石门银峰获第六届全国名优茶评比特等奖，并被定为"中国名茶"；2013 年 5 月，石门银峰又获得中国驰名商标。因为勤奋好学，仅有大专文凭的覃小洪，先后被评为高级评茶师、茶艺师、制茶师；现任湖南省常德市第六届人大代表、中国茶叶流通协会会员、湖南省茶叶学会理事、石门县茶业协会常务理事。

三、成功经验

（一）艰苦创业，打造茶业大品牌

湖南石门漯峰名茶有限公司西山垭有机茶基地的茶叶早就有名。如果追根溯源，其源头可追溯千年。唐代大诗人刘禹锡为官朗州时，曾写下《西山兰若试茶歌》，据有关学者考证，诗中的西山，即当今西山垭。只是由于西山垭山高路远，交通不便，山民世代赖以生存的绿色茶山，难以走向闹市变为金山银山。但不管岁月如何变迁，西山垭这片流溢着茶香的土地没有变，日出而作、日落而息、勤劳善良的茶农没有变。漯峰名茶公司成立以后，几十年如一日，艰苦创业，在各级政府和有关单位的支持下，秉持茶人的责任与坚毅，通过和湖南农业大学、湖南省茶叶研究所的产、学、研合作，在西山垭建成了连续 18 年通过国家有机茶标准认证的有机茶基地，恢复了历史名茶"牛抵茶"的制作工艺，生产的"石门银峰"茶先后三十多次荣获国内外名优茶评比金奖，使名茶之乡重放异彩。今天的西山垭，层层茶梯绘成柔美的线条，像是写在漯水之畔的五线谱，漯峰茶人便是这五线谱上跳动的音符。

多年来，漯峰名茶公司发展不忘乡亲，以大力发展有机茶产业为抓手，带动群众在脱贫攻坚、振兴乡村的大道上，以提高群众收入为己任，以提升茶叶质量求发展，以诚信营销开商道，瞄准精准扶贫，彰显茶业优势，全方位提升了山区群众的收入水平，群众的幸福指数明显增加，实现了公司和山区群众的同步发展、共赢致富，树立了石门茶产业服务地方经济发展的良好品牌形象。

（二）深入群众，寻找脱贫好良方

2016 年，为了摸清群众关于脱贫攻坚、发展产业、基础设施建设等方面的想法和建议，渫峰名茶公司董事长覃小洪离开在县城工作生活舒适的环境，不顾春茶生产的繁忙，冒着五月份的骄阳，一连十多天扎根西山垭有机茶基地所在的雁池乡韦家湾村走访农户，全村 69 户建档立卡贫困户基本上户户到、186 户非贫困户也户户联系，和他们交心、交朋友，谈想法、谈发展，调查了解群众的想法、做法、效果，找准帮扶群众脱贫的突破口。在清楚了老百姓的想法和意愿后，他及时与支村两委干部商量，并通过召开党员大会、村民代表大会的形式，在全村统一了依托茶产业发展基础，加强基础设施建设，开展茶旅融合发展，带动群众增收致富的脱贫攻坚方案。为了帮助群众更好地掌握有机茶生产技术和病虫害绿色防控方法，他还到湖南省茶叶研究所请到了副所长、研究员王沅江老师亲赴韦家湾村为群众授课，极大地提高了广大群众的有机茶生产技术，为他们通过发展茶产业脱贫致富打下了良好基础。

（三）精准施策，帮助群众奔小康

按照"户有增收项目、人有一技之长"要求，渫峰名茶公司创新"公司＋合作社＋基地＋贫困户"模式，强化主体带动，与农户建立紧密利益联结关系。在县扶贫办等单位的大力支持和帮助下，筹集资金近 400 万元，采取直接帮扶的方式，帮助雁池、磨市、太平、子良 4 个乡镇 6 个行政村 599 户、1500 名建档立卡贫困人口新建了 103.3 hm^2 标准茶园。项目自 2016 年 10 月开始实施至 2017 年 10 月 25 日竣工，共采购良种茶苗 624 万株、菜籽柏（菜枯）354 吨、茶叶专用肥 326.5t，按建档立卡贫困户花名册将物资发放到了群众手中，并全方位提供技术指导，帮助群众建设高产高效的良种茶园，带动了石门县茶叶产业的提质增效，助推了山区老百姓脱贫致富步伐。

在茶叶基地建设中，潆峰名茶公司创新了三个举措让山区茶农能够依靠发展茶叶产业脱贫致富。一是直接帮扶增收。茶园建设统一规划布局、茶园种植统一提供种苗与病虫害统防统治、茶园培管统一技术指导、茶叶加工统一协议订单收购鲜叶、茶叶销售统一市场营销、年度根据销售利润一个标准为群众返利，帮扶群众新建的有机茶园比传统经营的常规茶园年每亩增收1500元以上，实现农户稳定增收，公司及合作社发展双赢的目标。二是订单收购增收。与群众签订"帮扶合同"和产品"订单"（协议价）收购合同，对茶鲜叶以高于市场5%~8%的价格收购，让茶农稳定增收。三是效益分红增收。给贫困户和订单茶农返利让其获得收益，实现精准脱贫。

（四）绿色安全，建成茶业好样板

利用区位优势和资源优势，开展茶园有机种植、培管，是带动有机茶基地发展的重要手段。近年来，潆峰名茶公司在韦家湾村有机茶基地认真探索有机茶生产的新路子、新技术，在省茶叶研究所帮助下，加大对有机茶园的绿色防控工作力度，抓好太阳能频振式杀虫灯、诱虫色板等绿色防控技术在茶园的推广应用。共推广茶园面积95 hm²，使用杀虫灯30台、诱虫色板10万张，有效地维护了茶园生态系统的平衡，使有机茶种植逐步形成了产业化。

有机生产技术的推广，让山区群众尝到了精准扶贫的甜头。雁池乡韦家湾村100 hm²有机茶基地连续18年获得OFDC（中国南京国环）有机认证。2018年，该村良种有机茶园鲜叶产值超过了8000元/亩，大部分茶农收入突破了1万元/亩，最高的农户收入突破了1.7万元/亩。全村茶叶年产值达到1300多万元，人均年收入超过1万多元，订单茶农收入普遍比2017年增加8%以上，贫困人口年均增收达到1500元。并通过韦家湾村的示范带动作用，帮助郊近的水晶庙、横断山、皮家河，罗坪乡寨垭村等村的群众发展有机茶基地540多hm²，树立了山区群众依靠茶产业脱贫致富的样板工程。

（五）茶旅融合，拓展茶业新链条

为了不断开拓市场，帮助群众增加收入，经过认真的市场调研，溇峰名茶公司依托韦家湾村的茶叶资源和群众基础，开展茶旅融合发展项目建设，打造开发文化、生态、休闲、体验及有机茶清洁化生产、加工、营销的综合发展，为消费者提供健康、安全、清洁的茶叶产品，推动茶产业提质升级，通过项目建设实现公司和群众共同增加收入；并通过项目建设，围绕茶主题、依托茶资源，以茶基地为载体，以市场需求为导向，以旅游体验为核心内容，将旅游体验融入茶产业的各个环节，形成茶旅经济链，项目已完成投资 1180 万元，新建了传统手工做茶加工坊 420 m²、茶文化展示中心 300 m²、扩建（配套及技术改造）有机茶现代化清洁化加工生产线 2 条等。在茶旅融合发展项目带动和影响下，村里成立了茶叶合作社 3 家，八月榨合作社 1 家，2018 年实现茶旅融合发展收入 500 多万元，其中群众家庭旅社收入 20 万元、农林特产销售收入 55 万元、游客手工体验做茶及产品销售收入 31 万元，仅此一项，就使全村 855 名群众人均增收 1239 元。茶旅融合发展项目的顺利开展，既拓展了茶产业发展的新链条，又拓展了群众增收的新渠道，实现了"茶业在旅游体验中增值，旅游通过茶产业添彩，群众在茶旅融合发展中增收"的一体化发展目标。

（六）与民共富，勇立"溇峰"创伟业

溇峰名茶公司发展不忘乡亲，认真履行农业龙头企业的社会责任。自 2014 年以来，公司每年为贫困户、五保户、残疾人和孤寡老人捐款捐物，目前累计已达 50 多万元；还在韦家湾村设立了扶贫基金会，专门用来解决贫困家庭生产、生活上的困难。近 5 年来，公司技术员先后在石门县的 10 多个乡镇、30 多个主产茶村、50 多家茶厂现场授课，指导茶农依靠科学技术发展茶叶生产；为村级茶叶产业发展累计投入超过 1000 万元资金，为茶农提供茶苗 500 多万株、修建基地公路和整修茶园主道、支道和步行道路达 50 多 km、新建和整修水池 20 多个、沟渠 2000 多 m，通过返利方式为茶农以投代奖达 100 多万元。

为了尽快带动群众致富，公司流转了 28 hm² 土地，建起了高效有机茶优质高产示范茶园。同时，对愿意将茶山租给公司管理的茶农，租金一次性付清；对愿意自己改良茶园、改换品种的茶农，免费提供茶苗和指导种植和肥培管理技术；对签订合同的茶农，长期保护价收购鲜叶；对按有机茶标准生产、采摘的鲜叶，以高出市场 10%~30% 的价格收购。一系列的优惠措施，彻底打消了乡亲们发展茶产业的疑虑。为了长远规划和规范管理有机茶园，组织以老党员为基础成立茶业合作社，将分散种茶的农户纳入到合作社进行统一管理，形成了"公司＋基地＋合作社＋农户"的现代化经营模式，茶产业效益进一步增强。

韦家湾村建档立卡贫困户覃道航，一家三口人，一人残疾、一人智障、女儿在大学读书，生活十分困难。为了帮助覃道航家脱贫，公司帮助他家新建了 800 m² 茶园，培育改造了 1300 m² 老茶园，申请了易地建房指标。并购买了大米、食用油等物品送到他家帮助建新房，动工之日又帮助了他家 5000 元现金。为了让覃道航的女儿安心读书，顺利完成学业，公司董事长覃小洪从她读高一时就开始了全额资助，累计资助学费及生活费 10 多万元。

村民马远富是个听力残疾人，其妻子也是智障且常年疾病缠身，家里生活十分困难，居住的 3 间土坯屋面临倒塌。2013 年，公司筹资 5000 多元帮助他家建起了近 2000 m² 多良种有机茶园，2014 年，又捐款 10000 元帮助建起了三间砖瓦房。目前，他家的茶园已经受益，家庭年收入超过 20000 元，一户没有任何特长、也无能力外出打工的残疾人贫困家庭，在溁峰名茶公司的帮助下，依靠发展茶叶摆脱了贫困的境况。

韦家湾村原村主任周龙望说："我们这里以前是全乡乃至全县有名的贫困村，由于山高和气候的原因，种不出稻谷。种茶，又因为质量问题，一担还卖不到 7 元钱。现在好了，在溁峰名茶公司的帮助下，我们村 300 多户人家全部种植良种有机茶，现在家家户户有存款。以前年轻人都想外出打工赚钱，如今不同了，在外面打工的回来种植茶叶了，出现了明显的返乡创业潮。"村民陕星红说："自从种茶以后，大家都和睦共处。以前经常为争水打架，现在一心只想跟着溇峰名茶公司种植茶叶发家致富，自家的茶园自己采，最多的一天我可以赚到 800～1000 块钱，我哪里都不会去，就在自己家门口种茶。"村民马攸立说："我是个肺病患者，要是没种茶的话，早就讨米了，或许已经不在人世，真是多亏了溇峰名茶公司帮我们，有时候为了保证我们茶农的利益，他们亏本也会收购我们的茶叶。"

为了让山区群众通过发展茶叶产业长富久富，溇峰名茶公司在湖南省大湘西茶产业促进会的支持和部署下，依托"神韵大湘西，生态潇湘茶"公共品牌优势，对公司资源进行了优化整合，构建了公共品牌＋地域商标＋企业商标的三级"母子"商标体系，通过"统一产业布局、统一品牌标志、统一准入机制、统一质量标准、统一市场形象"，成功把"溇峰"茶融入大湘西地区茶叶公共品牌中，提升了"溇峰"茶品牌综合效益，进一步扩大了市场销售，加快了贫困山区农民精准脱贫的步伐，走出了一条具有"溇峰"特色的公司与茶农同步共赢的发展之路，使"溇峰"品牌在市场经济的大潮中，成为"石门银峰"生产、销售和品牌建设领跑者和"石门银峰"产销示范企业。

第四节　保靖县黄金村黄金单枞茶叶专业合作社

一、公司现状

保靖县黄金村黄金单枞茶叶专业合作社，主要从事黄金茶单株选育、茶苗繁育和茶叶加工及单株特色茶叶新产品开发工作。现建有日加工 200 kg 高档名优黄金茶的加工厂和机械制茶清洁化生产线，2018 年生产高档黄金茶绿茶、红茶 1000 多 kg，繁育黄金茶 2 号品种、1 号品种及其他优良单株等保靖黄金茶原产地茶苗 200 多万株，2018 年销售收入共计 400 多万元。

二、发展历程

（一）起步阶段

我是公司董事长向天颂，从小热爱茶叶，平时口渴了就喜欢随手采下鲜叶嚼着解渴。1994 年，我和兄弟向天奇学会了扦插，就选择口感好、发芽早、发芽多、颜色漂亮的单株试着扦插，自己育苗栽茶。我在自家茶园选了一棵发芽比较早、颜色比较绿的茶树进行扦插育苗，做出来的干茶呈墨绿色，泡在玻璃杯里茶汤很绿，叶底也很绿。我选育的这个单株后来被命名为黄金 2 号。

（二）学习阶段

2007 年开始，我进入湖南保靖黄金茶有限公司做事，担任第一任厂长，开始管理 3.3 hm² 扦插茶苗，并经常到加工厂学习做茶，经过几年的努力，既学会了茶苗扦插技术，也学会了茶叶加工技术。

（三）创业阶段

2011 年 3 月初，我退出黄金茶公司开始做自己的茶叶，因为我很爱茶，始终追求茶叶品质，做出来的明前春茶被一抢而空，到了七八月就开始育近 2700 m² 茶苗。第二年的下半年又育了近 2000 m²，其中黄金 2 号有 1300 m²，第一年育的茶苗在第二年销售时供不应求，赚了将近 20 万元（2 号茶苗销售价格 1~1.5 元/株），第二年育的苗连本带利 30 万元。

（四）发展阶段

2013 年，我与深圳一家老板合作建起了自己的茶叶加工厂，有了自己的厂房以后，公司更用心地做品质，从茶园做起，每年施以饼肥、有机肥为主，把茶园培肥做好，茶品质就一定会好，心里想一定要把黄金 2 号茶卖出名。

以前村民百分之八十的人都排斥黄金茶 2 号，都不肯栽，有些专家也讲 2 号茶发芽没有 1 号早，产量没有 1 号高、不显毫，但我一心做好品质，每年带上 2 号茶给客户品，每个客户都赞不绝口，"好茶，好茶"，没有一个说这茶不好的。从 2013 年黄金金号品种审定登记为省级良种后，公司就开始

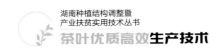
大面积扦插繁育 2 号茶苗，2 号茶树品种的茶苗和茶叶一直供不应求，价格最高。慢慢地，黄金 2 号得到了客户的口碑，茶农的认可，县领导的重视，终于发扬光大出了名。

三、成功经验

（一）兴趣爱好是前提

我爱好茶叶，一直专注钻研选优良单株和做出最好的茶叶，乐此不疲，乐在其中，对其他事情都没有兴趣。这样，我才能选出 2 号单株，并且手里还积累了几十个很有特色和优势的单株。

（二）好学感恩是基础

心里认为茶叶技术学无止境、做出最好的茶叶永无止境，不断拜师，肯学肯钻，感恩老师，才能一点一点提高认识、开拓思路、提高眼界，学得一身扎实的本领，才有底气做出最好的茶叶，最好的品种才能更有市场。

（三）吃得苦吃得亏是关键

人生不可能一帆风顺，只要认定了方向，就不要怕失败、不要怕困难，要有什么也难不倒的干劲和闯劲，不达目标不罢休。只要符合自己把黄金茶做优做大做强的方向，暂时吃点亏也没关系，要广交朋友，用心交相互有帮助、志同道合的朋友，朋友多了路好走。

［1］骆耀平.茶树栽培学［M］.4版.北京：中国农业出版社，2008.

［2］包小村.茶树栽培与茶叶加工实用技术［M］.长沙：中南大学出版社，2011.

［3］黄静，包小村.茶农之友［M］.香港：中国文化出版社，2016.

［4］李健权.茶叶优质高效生产实用技术［M］.长沙：湖南科学技术出版社，2016.

［5］陈宗懋.中国茶经［M］.上海：上海文化出版社，1992.

［6］江用文.中国茶产品加工［M］.上海：上海科学技术出版社，2011.

［7］粟文本，赵熙.优质红茶加工概论［M］.长沙：中南大学出版社，2017.

［8］郭正初.岳阳黄茶［M］.长春：吉林大学出版社，2013.

湖南地处长江中游的亚热带季风气候区产茶"黄金纬度带"，气候温润，雨量充沛，土壤宜茶，茶叶品质优异。湖南产茶历史悠久，是我国茶叶主产省之一，自古有"江南茶乡"的美誉，茶产业同时也是湖南传统优势特色农业产业。湖南茶业茶类齐全，品类多样，特色明显，优势突出，形成了绿茶、黑茶、红茶、黄茶、白茶五大茶类齐头并进、协调发展的良好格局。截止到2018年，全省茶园面积达16.5万公顷，茶叶产量21.5万吨，茶产业综合产值将近780亿元，湖南茶业实现了多年的持续快速增长。

近来年，湖南省茶叶科技工作者在茶叶加工、品种选育、栽培技术、病虫害绿色防控等方面取得了丰硕的科研成果，形成了一系列实用新技术。为加快科技成果和新技术的推广，我们组织编写了《茶叶优质高效生产技术》，重点介绍了茶树特征特性、茶园建设、茶树栽培、茶树病虫害绿色防控技术、茶叶加工等内容，文字通俗，技术科学实用，可作为技术培训资料或供从业人员在生产中参考使用。

本书在编写过程中参阅和引用了国内外许多学者、专家的研究成果与文献，在此一并表示感谢！

由于编者水平有限，书中如有不妥之处，敬请读者批评指正。

编　者

图书在版编目（ＣＩＰ）数据

茶叶优质高效生产技术 / 覃事永主编． -- 长沙 :湖南科学技术出版社，2020.3（2020.8 重印）

（湖南种植结构调整暨产业扶贫实用技术丛书）

ISBN 978-7-5710-0423-1

Ⅰ．①茶… Ⅱ．①覃… Ⅲ．①茶叶—栽培技术 Ⅳ.①S571.1

中国版本图书馆 CIP 数据核字(2019)第 276123 号

湖南种植结构调整暨产业扶贫实用技术丛书

茶叶优质高效生产技术

主　　编：覃事永

责任编辑：欧阳建文

出版发行：湖南科学技术出版社

社　　址：长沙市湘雅路 276 号

　　　　　http://www.hnstp.com

印　　刷：湖南省汇昌印务有限公司

　　　　　（印装质量问题请直接与本厂联系）

厂　　址：长沙市开福区东风路福乐巷 45 号

邮　　编：410003

版　　次：2020 年 3 月第 1 版

印　　次：2020 年 8 月第 2 次印刷

开　　本：710mm×1000mm　1/16

印　　张：7.5

字　　数：100 千字

书　　号：ISBN 978-7-5710-0423-1

定　　价：28.00 元